破局思维

朱珍娅 编著

中国纺织出版社有限公司

内 容 提 要

我们每个人都生活在一个局里，只是我们身在其中，所以感觉不到。是否能破局，是否能保持思维创新，直接关系到一个人的事业成败。谁掌握了思维破局的密码，谁就会成为赢家；谁故步自封，谁就会平庸。从思维破局入手，你能找到改变自己人生和命运的终极力量。

本书从"破局思维"这一角度出发，重点剖析了如何破解各种影响命运的思维方式，展示了成功者的实例和心灵感悟。本书内容通俗实用、可读性强，可以帮助我们提高解决各种问题的能力。如果你还在为如何开创成功的人生而苦恼，那么阅读本书会使你豁然开朗，明白成功的秘诀！

图书在版编目（CIP）数据

破局思维 / 朱珍娅编著. -- 北京：中国纺织出版社有限公司，2024.11
ISBN 978-7-5229-1656-9

Ⅰ.①破… Ⅱ.①朱… Ⅲ.①思维方法—通俗读物 Ⅳ.①B80-49

中国国家版本馆CIP数据核字（2024）第075977号

责任编辑：李　杨　　责任校对：江思飞　　责任印制：储志伟

中国纺织出版社有限公司出版发行
地址：北京市朝阳区百子湾东里A407号楼　邮政编码：100124
销售电话：010—67004422　传真：010—87155801
http://www.c-textilep.com
中国纺织出版社天猫旗舰店
官方微博 http://weibo.com/2119887771
天津千鹤文化传播有限公司印刷　各地新华书店经销
2024年11月第1版第1次印刷
开本：880×1230　1/32　印张：7
字数：115千字　定价：49.80元

凡购本书，如有缺页、倒页、脱页，由本社图书营销中心调换

前言

现代社会,随着生活压力的加大和竞争的逐渐激烈,人们总是马不停蹄地忙碌着,久而久之,无论是生活还是工作,人们似乎陷入了这样一个死循环:想赚钱—工作很忙—天天加班—没有状态—思想混乱—效率低下—变得更忙—没赚到钱。这样的情况,在很多人身上都存在,而要打破这种死循环,就需要一种"破局"的思维和能力。

那么,什么是破局思维呢?

"破局思维"指的是,我们每个人都生活在一个局里面,由于我们身在其中,所以感觉不到。要想破局,必先识局,也就是意识到自己目前的某方面正处于一个负循环、无法脱离的状态,唯有找到最关键的链条并打断,才能建立一个新的链条。

一位哲学家说:"世界上最大的监狱,是人的思维意识。"人一旦敢于破局,思维的牢笼就会被彻底打开。当你感到走进死胡同时,要看看旁边还有没有出口。

然而，现实情况是，有很多"固执己见"的人，无论做什么事，都固守惯性思维，一路直撞南墙，往往吃力不讨好，甚至天真地认为"再坚持一下，就成功了"。但是实际上，这样的思维牢笼只是长期把人捆绑得越来越紧，而我们只有随势而变，学会换一个角度去看待问题，面对困局才可游刃有余。总结为一句话就是：破局，才能看到更大的世界。

实际上，那些成功的高手并不是各方面能力一定比我们强，只是他们思考得比我们深、见识比我们广，他们的眼界更为宽广，他们能看到更大的"局"。所谓"不破不立"，懂得打破常规去思考的人，才能成为不同寻常的人。

既然破局如此重要，那为什么身边有那么多人依然深处这个局中"无法自拔"，根本无法跳出来呢？这是因为大部分人已经陷入了思维定式。那么，什么是思维定式呢？简单来说，思维定式就是反复感知和思考同类或相似问题所形成的定型化的思维模式。思维定式是人类心理活动的普遍现象。一个人如果形成了某种思维定式，就好像在头脑中筑起了一条思考某一类问题的惯性轨道。有了它，再思考同类或相似问题的时候，思考活动就会凭着惯性在轨道上自然而然地往下滑。思维定式是阻碍人前进的一条铁链，它使人的思维进入无法前进的死胡同。

可能你也有这样的感受：人们总是很容易陷到固有的思维模式里，有时候明明某种常规想法对解决问题没有很好的效果，却非得按照常规去做，结果白白地耗费了时间和精力。

这样看来，我们所有人要想破局，就必须突破思维定式，就必须学习那些成功者的思维模式、吃苦精神以及卓越的智慧等。当然，我们学习到的这些思路和思维模式最终都要运用到具体的实践中。此时，我们急需一个导师来指导我们如何前行。而这就是我们编写本书的初衷。

在本书中，你会发现，它所阐述的不只是各种成功的理念，更是从实践的角度，讲述成功人士是如何"一破一立"、运用思维的力量一步步攀登人生顶峰的。本书内容通俗实用、易于理解，相信能对广大读者有所帮助。

编著者

2023年4月

目录

第01章　主动寻求突破，做敢于破局之人 / 001

　　思维破局，才能真正提升和完善自我 / 003

　　打破限制和禁锢，敢于冒险的人生更精彩 / 006

　　不断完成小目标，终能实现梦想 / 010

　　打破那些束缚我们的枷锁，人生才能更加精彩出色 / 014

　　真正能打败你的，只有你自己 / 017

第02章　抓住核心部分，才能找到捷径解决难题 / 021

　　精力有限，只做你擅长的事 / 023

　　善于借助他人力量，能更快捷地实现成功 / 028

　　把握全局，更要抓住核心问题 / 032

　　直击问题的要害，很多事情都能迎刃而解 / 036

　　关键时刻亮出底牌，往往能出奇制胜 / 040

第03章　破除思维定式，实现自我改变和突破 / 045

　　墨守成规者，无法实现人生的突破 / 047

　　摆脱和突破思维定式的束缚，打开你的视野 / 049

　　换个视角，问题往往迎刃而解 / 053

　　一味地"随大流"，你会逐渐失去改变的意识 / 056

　　换一种思维方式，就是一场奇迹的开端 / 060

第04章　换个思路和角度，往往能打开新的局面 / 063

　　用心经营手中的每一张牌，你就有可能改变命运 / 065

　　与其选择缴械投降，不如奋起反击 / 068

　　主动改变，提升胜算 / 071

　　破除思维惯性，你会豁然开朗 / 075

　　积极地改变思路，从而找到成功的最佳路径 / 078

第05章　放弃愚昧陈旧的思维，才能拨开云雾见青天 / 083

　　人有所得，就要有所失 / 085

　　方向没选对，路走得再多也是徒劳 / 090

　　做好取舍，丢弃不重要的目标 / 093

　　你可以犯错，但是不能执迷不悟 / 095

走出僵化思维，积极创新 / 099

第06章 永远不要气馁，要相信永远会有其他选择 / 103

你是否在重复一种因循守旧的生活模式 / 105

走出思路的死胡同，就能打开思路 / 109

让积极的思维引导你，成为你生活的支柱 / 113

太在意别人的评价，只会让你无所适从 / 116

打开思路，放眼未来 / 120

第07章 破局不能畏首畏尾，要有立即去做的决断力 / 125

"三思"可以，但不能瞻前顾后、畏首畏尾 / 127

斩断退路，你才会集中精力奋勇向前 / 131

思维也需要做到与时俱进 / 134

拯救自己的懒散和懈怠，第一步就是加强责任心 / 138

拿得起放得下，看准了就行动 / 141

第08章 努力突破的间隙，也要记得回望和反思 / 145

找到自己的位置，才不会迷失自己 / 147

突破自己，才能看清自己人生的奋斗方向 / 151

客观评估自己，才不会迷失自我 / 155

我们始终要知道自己下一步路怎么走 / 160

只有选准人生坐标，才能绘出美好的生活图景 / 164

第09章　心态破局：恐惧没有什么大不了 / 167

直面恐惧，并大胆驾驭它 / 169

别被"假想敌"折磨得疲惫不堪 / 173

学会直面恐惧带来的负面结果 / 177

你的担忧，大多数都是杞人忧天 / 181

真正的强者，不会一直待在舒适区 / 185

第10章　向上成长，破局之力来源于你的蜕变和提升 / 189

经营你的优势，形成出色的能力 / 191

善于观察，才能看到别人看不到的商机 / 195

主动寻找你的贵人，获得改变人生的机会 / 198

自律，需要从根本上转变思想 / 202

想要创造财富，一定要勇于尝试 / 206

只要有想法，你就有成功的可能 / 210

参考文献 / 214

第01章
主动寻求突破,做敢于破局之人

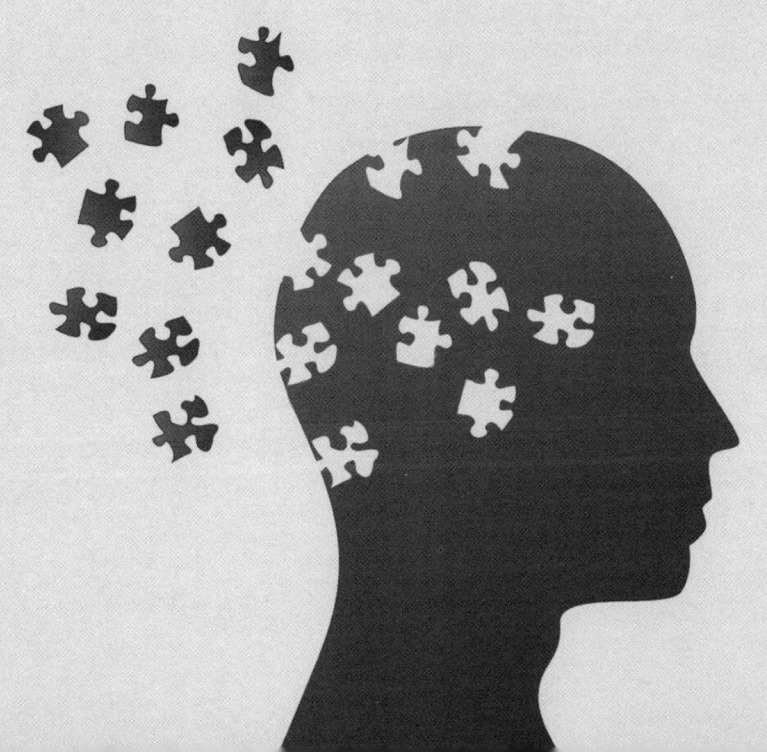

思维破局，才能真正提升和完善自我

有些人的人生都是"凑合"出来的，他们对于每天的衣食住行凑合，对于生命的选择稀里糊涂，对于爱情也可以委曲求全。他们的人生是用心过出来的，还是随随便便胡乱凑合出来的呢？显然是后者。把好好的人生过成这样，不得不说是让人悲哀的。

有一句电视剧的台词瞬间戳中追剧人的心："如果世界上曾经有那个人出现过，其他人都会变成将就，我不愿意将就。"虽然这句话中没有任何与爱有关的字，但是平实的语言却给人带来透彻心灵的温暖。的确，面对人生，面对残酷的现实，面对故意捉弄我们的命运，我们还能怎么办呢？如果不能奋起抗争，不能果断坚持，那么就只能凑合。一次又一次的凑合，让生命在不断地流逝中渐渐褪色；一次又一次的将就，看似对眼下的人生没有太大的影响，实际上却会深深地中伤人生。

人生从来不是用来伪装的，每个人都应该更在乎内心的感受，而不要总是把所谓的形式放在第一位。人生也从来不是用来凑合的，凑合的选择不是对人生宽容，而是对自己懒惰的纵容。唯有努力认真生活的人，才能得到生命的馈赠，才能在生命之中有更好的表现和更大的发展。反之，凑合的人生必然越来越平庸。这就像是学生们在考试之前给自己制订目标，那些奔着一百分去的学生，至少也能考个九十多分，而那些只想及格的同学，则总是每一科都很差。

对于学习，我们不能将就，因为学习是改变命运的方式，因而我们必须以成绩和能力为自己代言，以努力为自己加分；对于工作，我们不能将就，因为一点一滴的付出都会给予人生不一样的收获，将就固然能一时欺骗别人，却不能长久地欺骗自己；对于爱情，我们不能将就，因为一切的将就既是对自己不负责，也是对他人不负责。既然人生之中事事都不能将就，时时都不能将就，我们又该怎么做呢？

不管你对人生的标准和要求是什么，你都必须做好一件事情才能应付复杂的情况，那就是不断地突破自我，超越自我，从而真正提升和完善自我。人生是瞬息万变的，我们周围的人和事情也在不断地改变，与其被动地变，不如以不变应万变，这样才能让人生从容，也才能给予人生别样的发展和未来。然而，很多人都想不明白这个道理，他们不懂得唯有提升自我才是从根本上解决问题的办法，而不是盲目跟着形势去改变，最终使自己混乱不堪，不知所措，也让自己焦头烂额，对人生失望至极。朋友们，面对人生，一定要坚定不移，要理智从容，这样才能享受人生。

打破限制和禁锢,敢于冒险的人生更精彩

每个人都想获得成功,但是,成功远远不是人们所说的那样,具备天时地利人和的条件就可以。更多的时候,还要敢于冒险,还要努力尝试。众所周知,现代社会中各行各业的竞争非常激烈,所以作为一个职场人士,要想在行业中脱颖而出,就显得非常困难,要想在社会中为自己赢得一席之地,更是难上加难。现实生活中,有太多的人都习惯墨守成规,他们不知道如何打破限制和禁锢,总是按部就班,因而发展得很慢。

人类社会之所以能不断地向前发展,就是因为有无数的人敢于冒险,敢于尝试。也许他们的尝试会失败,但是从中得到了经验和教训,因此他们在努力的道路上就更加前进了一步。这样的失败,比起固步自封、止步不前,是很大的进步。因此,我们也要有敢于冒险的精神。很多年轻人说,年轻就是资本,为此他们肆意挥霍青春,不愿意努力进取。的确,年轻是资本,是努力奋斗和冒险的资本,但不是浪费生命的理由。年

轻人更要有冒险的精神，这样才能让人生的道路更为宽阔，让人生的天地更为辽阔。

如果你的青春从未有过冒险的经历，那么当青春的时光悄然流逝的时候，你如何才能说"我的青春我做主，我的人生无怨无悔"呢？当你把青春都荒废了，你未来一定会有更多的遗憾，也一定会感到很懊悔。为了让人生无怨无悔，为了提升生命的质量，我们一定要积极地面对人生，勇敢无畏地向前。当然，不是每一次付出都有回报，也不是每一次冒险都有收获。哥伦布发现新大陆，也是历经了几次航行才能够成功；玄奘西天取经，也历经了无数凶险。人怎么可能随随便便就获得成功呢？只有不断地提升和磨炼自己，只有坚持不懈勇往直前，我们才能更加客观地面对自己，不断提升和完善自己。记住，当你足够优秀，人生之花必然对你绽放。

小伟作为一个职场新人，进公司没多久就开始蠢蠢欲动。他始终都牢记着那句话：不想当将军的士兵不是好士兵。为此，他一直都想吸引上司的注意，也想为自己争取到更多的机会。在入职满半年的时候，小伟终于下定决心给上司写了一封信。在信件里，小伟对上司说："亲爱的领导，也许您不认识我，但是我却很熟悉您……今天是我入职半年的日子，我很想送自己一份礼物来纪念这个时刻。我想送给自己的礼物,就是得到您的评价。当然,我知道您日理万机,每天都很忙碌,也许根本没有时间给我写评价,那也没关系,您只要告诉我,根据我这半年来的工作表现,我是否足以胜任更重要的工作和职务。"把信发给上司之后,小伟就一直忐忑地等待上司的回信。没想到,上司当天下午就给小伟回信了,在信件里,上司对小伟说:"收拾东西,准备去非洲出差!"

平日里,那些老同事都不愿意去非洲出差,因为非洲不但环境很差,而且路途遥远。所以每当上司说需要去非洲出差的时候,他们总是会找各种理由逃避。小伟接到信件也很惊讶,因为他只是一个刚刚褪去青涩的新人,他倒不是不想去非洲出差,而是担心自己无法完成这么艰巨的任务。但是小伟决定接下这个任务,随着回信而来的,就是需要完成的工作任务。此后,上司从未联系过小伟,小伟就这样一头雾水地开始了工作,甚至连坐在隔壁工位的同事都不知道他在干什么。一周之后,正当大家议论纷纷以为小伟不辞而别的时候,小伟从非洲回来,直奔上司的办公室汇报工作。上司站起来对着小伟伸出手,说:"你在非洲的工作表现我已经知道了。接下来,就由你作为非洲分公司的负责人。"上司发出这个任命,不但小伟感到吃惊,就连同事们也都十分震惊。虽然非洲的工作不是一个美差，但是也轮不到一个毛头小子当非洲分公司的负责人吧！然而，上司的决定已经做出，小伟成功了。

上司为何会选定小伟去当非洲公司的负责人呢？就是因为小伟有着敢于冒险的精神。只是得到了上司的一封回信，小伟就能够不再多说其他的话，奔赴非洲完成任务，不得不说他是一个非常有胆识的人，也是一个特别敢于冒险的人。为此，上司才会特别赏识小伟，并给予小伟如此重要的任务。

作为年轻人，一定要敢于冒险，也只有主动去冒险，才能得到更多的机会，真正证明自己的实力。否则，哪怕机会摆在面前，却依然犹豫不决，内心惶恐，最终也只能眼睁睁地看着机会从自己的眼前溜走，不得不说，这样的做法只会距离成功越来越远。人生总是需要拥有勇气，勇气不但是人生的动力，也是人生的支柱。每个人都要鼓起勇气，挺直脊梁，才能无所畏惧地走好属于自己的人生之路，也才能活出独属于自己的精彩与充实！

不断完成小目标，终能实现梦想

有人说人生是漫长的，有人说人生是短暂的，就像盲人摸象时，有的盲人说大象是扁扁的圆形，有人说大象是圆柱体，还有人说大象细长细长的，像一根绳子。片面地说人生漫长或者短暂的人，显然犯了和盲人摸象一样的错误，即对于人生缺乏全面的认知，就片面地对人生下结论了。

真相是，人生有的时候很漫长，长得熬不到头，有的时候却很短暂，短暂得如同白驹过隙，转瞬即逝。梦想的道路也和人生的道路一样，对于那些轻松就能实现梦想的人来说，人生得意，当然感觉人生短暂。而对于那些在实现梦想过程中饱经磨难的人而言，艰难的日子似乎一眼看不到头，因而也就觉得梦想之路过于漫长了。这其实是相对的，因为背景不同，所以人的感受也有所不同。因为背景与环境不同，每个人对时间的感受也截然不同。当你正在看自己喜欢的影视剧，哪怕时间已经过去三个小时，你也觉得时间很短；而假如你正在参加一场艰难的考试，或者等待手术室里的亲人，那么你一定会觉得度秒如年，觉得每一分每一秒都很艰难。

所以说，通往梦想的道路是远还是近，很多时候取决于我们对于梦想的感受。然而，实现梦想是很难的挑战，对于远大的梦想而言，想要实现就显得难上加难。在这种情况下，一定不要过分焦虑或者着急，因为一味地沉浸在梦想中无法自拔，反而会使推进梦想的行动变得缓慢。最好的做法是将梦想划分为一个个小目标，将其视为通往梦想道路上的一个个小关卡，这样一关一关走下去，我们不知不觉就接近了梦想，也因为在不断实现小目标的过程中获得了成就感，找回了自信，所以对于实现梦想就会更加乐观。

命运从来不会偏袒任何人，梦想也从来不会主动实现。如果你被动地等待着梦想向你飞过来，那么你的希望就只能落空了。你可以主动靠近梦想，迎接梦想的到来，真诚地敞开怀抱，拥抱梦想。即使实现梦想任重而道远，即使你需要在通往梦想的道路上披荆斩棘，你也要非常自信，更要坚定从容。

巴斯德出生于士兵之家，他的父亲曾经是一名士兵，在当时的社会上拥有较高的地位。然而，巴斯德不想像父亲一样从军，而是想要为这个充满阳刚之气的士兵之家增加一些书香气，他最大的理想是成为读书人。但是，巴斯德从小看着父亲舞枪弄棒，而且因为他的父亲身边也都是军人，所以他根本不知道如何才能学到知识，成为读书人。巴斯德实在太想有学问了，因而有一天他问叔叔："叔叔，我怎样才能成为有学问的人呢？"叔叔调侃巴斯德："你要是成为博士，当然就会才高八斗了。"小小年纪的巴斯德当然不知道博士是什么，因为他的身边，包括他们整个家族，根本没有人靠着学问吃饭。但是巴斯德隐隐约约意识到叔叔说的话很有道理，因而他从此之后认真勤奋地学习。在25岁那年，他如愿以偿获得了理学博士学位。他确定了自己要成为化学家的目标，便坚持不懈地进行着课题研究。随着研究工作不断深入，巴斯德最终推翻了很多专家的观点，证实了生命并不能凭空产生，伤口的腐烂和疾病的传染都是那些微生物在发挥作用。巴斯德遭到过很多人的反对，但是他始终坚持自己的观点，从没放弃过。

在被他人不断质疑的过程中，巴斯德对很多疑难杂症展开研究，而且提出了预防和消毒的方法。最终，巴斯德凭着锲而不舍的精神攻克了一个又一个难题，成为举世闻名的伟大科学家，也为全人类科学事业的发展做出了卓越的贡献。

实际上，巴斯德只是一步一步向着理想的方向走去，先是通过刻苦学习成为博士，后来又脚踏实地探索科学真相，逐个消除人们对他的质疑，最终就真的成为了不起的科学家。

　　世界上从未有一蹴而就的成功，在实现梦想的道路上，每个人都是一步一步坚持向前，才能到达人生的目的地。很多情况下，我们会因为生命的磨难而感到沮丧，却不知这些磨难正是生命不可缺少的养料，能够为我们提供更多的成长和发展空间，也能帮助生命创造奇迹。如果以运动来比喻通往梦想的道路，那一定是百米跨栏，需要不断地跨越那些栏杆，才能到达终点。在人生的旅途中，每个人都以生作为生命的起点，以死作为生命的终结，在此期间，我们可以为自己设立目标和方向，从而不断地自我接纳、自我成就、自我突破和自我超越。

打破那些束缚我们的枷锁，人生才能更加精彩出色

有人说，这个世界上绝没有完全自由的人。每个人都被各种各样的法律、道德约束着，绝不可恣意妄为。当然，也正是因为有了法律的约束，有了道德的捆绑，人们才能控制内心深处自私贪婪和邪恶的本性，从而使整个社会呈现出和谐有序的状态。然而需要注意的是，除了所谓的法律道德，人们也并非是自由的，因为还受到原则、底线，以及他人的评价等诸多细节的微妙影响，根本不可能随心所欲。我们的人生的确需要约束，这样才能有序，但是，有时我们也需要打破那些束缚我们的枷锁，人生才能更加精彩出色。

现实生活中，我们根据常识生活，被常识束缚，又根据人们约定俗成的见解来禁锢自己的行为和思想。其实，人生的本质就是自己做主的旅程，因而只要我们不违背道德和法律，对于个性化的人生选择，我们完全可以尊重自己的内心，按照自己的想法生活。

也许有人会说，没有规矩不成方圆，正是因为有了规矩的约束，我们的社会才有秩序。但对于个性化的选择，我们理应尊重自己的个性，从而做出符合内心趋向的选择。尤其是在崇尚个性化发展的现代社会，已经不同于几十年前要求人才必须整齐划一。现代社会从对孩子的教育开始，就提倡要尊重孩子的个性，做到因材施教，因地制宜，如此才能给予孩子足够的空间，引导孩子们获得长足的发展。

著名的魔术大师胡汀尼之所以在魔术界声名大噪，就是因为他拥有一项特殊的技能，即能够在最短的时间内打开所有的锁，无论这把锁多么复杂、多么罕见，他都从未失败过。为此，他对自己发出挑战：在60分钟内穿上特制的衣服逃脱一把锁，前提是无人观看。为了挑战胡汀尼，英国有一个小镇的居民向他发出邀请，专程请他来到小镇打开一把特制的锁。当然，居民们讨厌胡汀尼一直因为自己高超的开锁技术骄傲万分，因而他们决定给胡汀尼难堪，打压他的嚣张气焰。为此，居民们同心协力，集思广益，最终制造出了一个异常坚固的铁制囚牢，还在上面配了一把看起来很繁复精致也非常结实坚固的锁。

约定的挑战时间到了，胡汀尼如约来到小镇上，钻进居民们预先准备好的铁笼之中，由小镇居民锁上锁。在胡汀尼的要求下,在场的每个人都自觉地转身,背对铁笼,胡汀尼则开始拿出特制工具进行开锁。眼看着时间一分一秒地过去了,半个小时,一个小时,直到两个小时过去,胡汀尼一直没有像自己夸口的那样顺利打开铁笼的锁。他的额头上沁出豆大的汗珠,因为他很清楚这将会对他的声誉造成影响。最终,他决定放弃努力,浑身乏力地倚靠在铁门上。没想到,铁门突然被他的力量打开了,原来,这个铁门根本没有上锁,他完全可以不费吹灰之力地在几秒的时间内推开门走出来,但是他却被那个挂在门上摆样子的锁唬住了,一心一意地只想着开锁,却没有想到走出铁笼也许另有捷径。

显而易见,小镇居民成功地戏弄了胡汀尼,其实胡汀尼也并非被小镇居民的智慧戏弄,而是被自己心中的锁锁住了。一直以来,他渐渐忘记了自己的目标是走出铁笼,而不是开锁,小镇居民正是成功诱导胡汀尼被自己心中的锁锁住,因而才对这扇根本没锁的门和根本无法打开的锁无计可施。

人生也恰如胡汀尼开锁一样,总是面临各种各样的锁。很多时候,我们并非被客观世界的规矩限制住,而是被我们内心的规矩禁锢了。我们只有突破自己的内心,打开心中的枷锁,才能自由地按照自己的规则行走在人生路上,从而开创属于自己的、与众不同的人生。

真正能打败你的，只有你自己

很多时候，打败我们的不是别人，而是我们自己。在人生的旅程中，每个人都难免遇到困难，甚至有的时候这些困难看似不可逾越。在这种情况下，能够战胜困难并非取决于外界的天时地利人和，而是取决于我们战胜困难的意志。

一个癌症晚期的病人已经被医生建议放弃治疗，而是想吃就吃，想喝就喝，四处玩乐，以完成一生之中未尽的心愿。因此，癌症病人离开医院。既然知道时日无多，连医生都放弃治疗，他也就彻底想开了。他卖掉房子，带着所有的家当开始周游世界。他什么也不想，完全忘记了自己的癌症，就这样开心地满世界走走停停。不知不觉间，时间已经过去了一年多，这已经远远超出了医生预测的存活期限——半年。他游山玩水之后回到了家里，去医院进行复查，想弄明白自己为什么没有死。检查的结果让所有人都大吃一惊，他体内的癌细胞消失了。

这个奇迹用医学根本无法解释。生还是死，决定因素就是他们能否放下一切享受生活。有位医生曾经说，很多癌症病人都是被吓死的。如果得知自己得了癌症之后就终日以泪洗面、忧思不断，那么，即使癌症原本并不严重，也会因为情绪消沉而迅速恶化，最终夺去患者的生命。

打开心门，不仅对于治疗癌症有奇效，对于生活中的很多事情也效果显著。在这个世界上，每个人都追求成功，然而，在通往成功的路上，有些人不是还没出发就先放弃，就是在路途中放弃。究其原因，是他们在追求成功的过程中没有经受住失败的考验。对于很多人来说，失败就是心里的坎，他们没有能力承受失败。然而，有哪一个成功者不是在经历很多次失败之后才梦想成真的呢？要想成功，首先要打开心门，拥抱失败。只要我们心里抱着积极的态度面对失败，对失败不抱怨、不气馁，而是积极地寻找经验，失败就会成为我们进步的阶梯。每个人的心里都有一扇门，只有打开这扇门，才能敞开心扉拥抱生活的喜乐悲苦。遇到生活的变故时，人们常常抱怨命运的不公平，抱怨身边的亲人朋友，实际上，你心门的钥匙掌握在你自己手里。影响你命运的不是外界的各种人和事，而是你的内心。

李阿姨49岁了,原本计划好退休之后和老伴一起环游世界,不想,老伴突发心肌梗塞,离她而去了。李阿姨痛不欲生,孩子们整天整夜地守着她、开导她。李阿姨在家躺了一个月之后,勉强支撑着去上班了。这一年的时间,因为工作上还比较忙碌,所以,虽然想起老伴时仍旧忍不住掉泪,但李阿姨还是磕磕绊绊地过去了。一年之后,李阿姨退休了。看着冷冷清清的家,她的心情糟糕到了极点。她又产生了厌世的念头。儿女们都已长大,各自成家,有了自己的生活。虽然每到节假日他们就拖家带口地来陪伴李阿姨,然而,李阿姨还是觉得空虚寂寞,生活了无乐趣。

　　退休没多久,李阿姨就得了严重的抑郁症。为了照顾妈妈,女儿辞去了工作,带着孩子搬来和李阿姨一起住。看着女儿整日忙前忙后,还不得不和女婿两地分居,李阿姨觉得很不忍心。她劝女儿搬回家去住,否则,时间久了,夫妻感情容易淡漠,女儿却说,宁愿离婚,也不会扔下妈妈。李阿姨想了很久,觉得不能拖累女儿。因此,她和女儿商量着要报团旅游。和兄弟姐妹们商量之后,女儿给她报了一个豪华游,行程覆盖大半个中国。从来没出过远门的李阿姨跟着旅游团出发了,在旅游团里,她认识了很多伙伴,玩得很开心。这是一个老年团,里面有很多老人都是单身一人。他们和李阿姨相互劝慰,再加上导游的贴心陪伴,最终李阿姨想明白了:生活总要继续,不能拖累孩子。

回家之后,李阿姨一改往日的消沉,她报名参加了老年大学,还报了书法班、插花艺术班。渐渐地,她的生活再次走上轨道,每天都非常充实且有规律。看到妈妈的改变,女儿高兴极了。一个月之后,她放心地带着孩子搬回家了。

李阿姨之所以能够有如此之大的改变,就是因为她打开了自己的心门。如果不是她自己想明白了如何生活,那么,无论别人再怎么劝说和安慰,也是于事无补的。朋友们,在生活中,每个人都难免遇到为难的事情,这种情况下,我们一定要摆正心态,因为唯有如此,才能战胜困难,在人生的道路上继续前行。

第02章

抓住核心部分,才能找到捷径解决难题

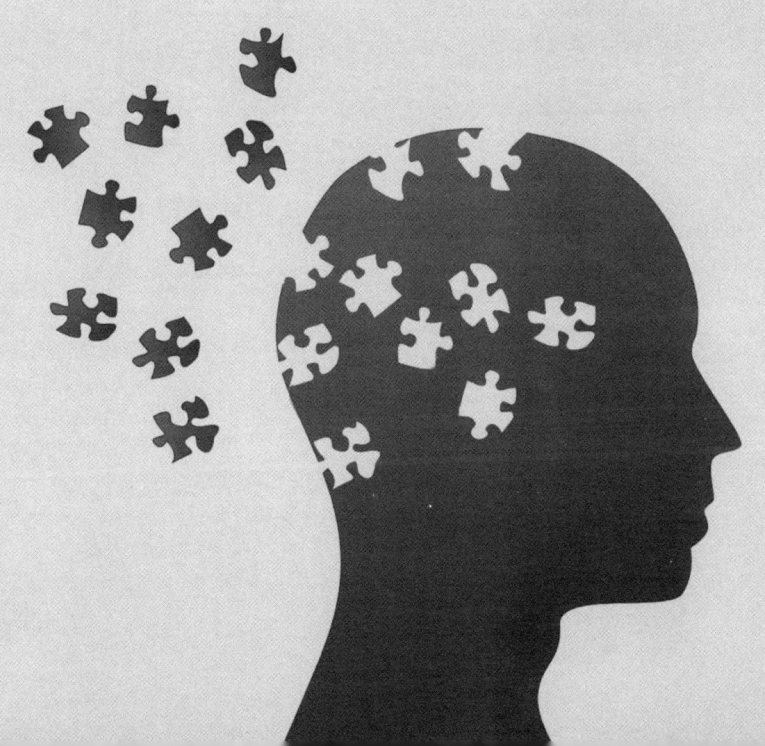

精力有限，只做你擅长的事

关于选择与放弃，曾经有这样一个比喻："看见十只兔子，你到底抓哪一只？有些人一会儿抓这只兔子，一会儿抓那只兔子，最后可能一只也抓不住。主要任务不是寻找机会，而是对机会说不。机会太多，只能抓一个。我只能抓一只兔子，抓多了，什么都会丢掉。"

一个人的精力和能力都是有限的，不可能将每件事都做得面面俱到，因此在选择的时候，就要着眼全局，放眼未来，懂得弃车保帅，才是上乘的战略。否则，你可能连唯一能抓住的那只"兔子"也放跑了。

小杜是临床医学专业的硕士，对于自己未来的工作，他的理想是一线城市，最低也要是省会城市的三甲医院。几番波折后，他和苏南一家三甲医院签了工作意向。由于医院所在地只是地级市，小杜对究竟要不要到那里上班总也下不定决心。苏南地区经济发达，这家医院的实力也挺强，自己在那里工作发展前景应该不错。但是一想到自己的理想，小杜还是想到一线城市去感受一下，于是他南下去了广州。

在广州找工作却不像想象中那么顺利，大医院对资历和教育背景很看重，小杜这种算不上顶尖名校的毕业生就缺乏竞争力。一些小医院他又看不上，无奈只好转行，到一家外资的医疗器械公司做销售工作。一段时间后，由于业绩一直上不去，身心疲惫的小杜对工作产生了厌倦情绪。但心高气傲的他觉得如果自己单干肯定会更好，于是他联系了几个朋友一起做起了药品生意。本来以为这也是和专业相关，不料干起来才发现这和自己的专业完全是两码事，不到一年，生意亏本了，朋友们也因利益关系闹得不欢而散。

无奈之下的小杜只好再换工作，他想挣钱还债，又急于证明自己，几年下来，他先后换了几次工作，心情越来越浮躁，在哪里都扎不了根。现在，他的专业知识已经忘得差不多，又缺乏实践经验，再想做医生已经是不可能了。小杜虽然工作阅历丰富，跨了好几个行业，可是没有一段经历能称得上成功。残酷的现实，迫使他不得不重新认识自己。

不做没有把握的事情，在与人竞争的时候就不会轻易陷入被动。聪明的人在现实中总是会首先仔细地反复考察，对比自己和别人的优势与劣势，经过反复权衡之后，才会决定自己究竟该何去何从。总之，谨行慎思，是一种冷静的态度，这种态度可以让我们做出一些比较客观的判断。

谨行慎思不但要求我们在做事情的时候能够做充足的准备，不打无把握之仗，还要求我们能够全面地认识自己，客观地了解自己的兴趣、优势和能力。根据自己的情况，选择适合的自己生活方式，而不是漫无目的地流浪。

阿莲是一个娇小的广东女孩，她身上有一种南方女子特有的精神和韧性。她在一个人口密集的小区经营着一个卖日用百货的小超市，这个地段大家都看好，超市也是一个连一个，彼此之间竞争激烈。一开始阿莲的生意并不好，可她慢慢地摸索出了一套经营的绝窍。阿莲发现，少数的特价商品不但可以吸引很多顾客上门，而且会让顾客产生这里所有的商品都比其他地方便宜的错觉，从而对其他商品也产生购买的欲望。

于是阿莲每天都推出几种特价商品，各种品牌的洗衣液、纸巾、牙膏、香皂等轮番登场打特价。每天早上她用明亮的声音报出这些特价商品的名称和促销价，录下来后在店门口用小喇叭循环播报。这些商品都是居家过日子常用的东西，自然很受顾客欢迎。一天下来，营业额很让人惊喜，虽然卖出去的特价商品几乎是零利润，但随着特价商品卖出去的其他正常价格的商品收入也非常可观，小店当然还是有钱赚的。好的开始带来了连锁效应：阿莲的东西卖得多，在批发商那里进货也多了，批发价格上就会有较大的优惠。所有商品日期新鲜，包装整洁，进货出货周转得更快。就这样，所有的环节都进入良性循环的状态。

紧接着，阿莲又想到了一个别出心裁的点子：

每天早上9点到9点半，各种油盐酱醋等调味品打折，以吸引周围买菜的居民；每天中午12点到12点半，饮料和一些方便食品打折，以吸引中午下班休息的打工群体。她给这个促销方式取了一个名字，叫作"经济半小时"，并请人用毛笔写了大字，贴在店门口。这个匠心独具的策划收到了很好的效果。

很多人之所以一直和成功失之交臂，很重要的一个原因就是他们眼高手低、好高骛远，屁股永远坐在自己的脚上，不肯为手上正在做的事多花些心思。而那些让人羡慕的成功者，他们所凭借的却是自己精心筹划和永不气馁的精神。对自己的事业有完整规划的人，表面看起来与别人也没有什么不同，但是因为眼光看得远了，再做起事来就有了责任心和主动性，会完全脱离得过且过的生活状态，才能也会得到最大限度地发挥。

无论你从事的是何种行业，我们做事情都要善于抓重点。这就是说，我们要能做好关乎自己长远发展的大事，同时要对诱惑说不。选择哪些该做，哪些不该做，其实同样重要。说到底，选择的本质其实是有所不为。"鱼与熊掌不可兼得"，我们在制订自己的发展规划时，必须要有所取舍，如果想要在某方面做得更突出、更出色、更优秀，就有必要舍弃一些其他不必要的方面。因此，必须做到"有所为，有所不为"，才能够取得最后的胜利。

🌳 破局思维

善于借助他人力量，能更快捷地实现成功

遇到难以解决的问题，与其死盯住不放，不如把问题转换一下，化难为易，达到解决问题的目的。不聪明的人会把简单的问题复杂化，而聪明人可以把复杂的问题简单化。

当然，通向成功绝不止思维变通一种方式，但是突破常规的变通思维能力，却是每一个渴望成功的人都必须具备的。它缩短了行动与目标之间的距离，只有拥有灵活变通的思维能力，并将之与具体行动相结合，匠心独运、别出心裁，往往能够为你实现理想做出独创性的贡献。

法国南部的一个小城里，有一家公立的图书馆，它规模不大，却是很受小城居民们欢迎的地方，很多人都喜欢来这里读书、借书。

有一年，城里又建了一个新的图书馆，原来的图书馆要搬家了，也就是说，所有的图书都要从旧馆搬到新馆去。这可是

一个庞大的工程。图书馆工作人员在一起讨论搬运方案，准备找一家货运公司全权负责，可这样一来，要支付一笔很大的搬运费，图书馆的预算根本不够。怎么办？这时有人向馆长出了一个好点子。

图书馆在本地报纸上登了这样一个广告："从即日开始，每个市民可以免费从图书馆一次性借10本书，限于××年××月××日之前归还到我馆新址。"然后把新图书馆的地址附在后面。

结果，许多市民蜂拥而至，没几天，就把图书馆的书借得差不多了，工作人员只需在新馆等着市民还书。就这样，图书馆借用众人的力量完成了搬书任务。

借力发挥为聪明人的谋胜之术。如果一个人能细心观察身边的事物，并能够把握彼此之间进退的尺度，在必要的时候借力发挥，平衡各个方面的力量，自然会更利于事情的进展。

成功者大都是善于借用别人之"力"、巧借别人之"智"的高手。他们懂得虽然做任何事情都不可能一步登天，须一步一个脚印，但是，取得成功的办法多种多样，只要办法得当，便可快捷省力。巧于"借力"，精于"借智"，是成功的一大诀窍。

云涛家庭条件不好，他念完高中后没有继续升学，而是自己做点小生意补贴家用。他做事踏实，头脑灵活，生意做得还算不错，手里也积攒了一些启动资金，就想结束这种打游击状态，找一个自己喜欢的行当干下去。

当时各种民营的快递公司刚刚起步，云涛看准了形势，决定找一家信誉好的公司加盟，代理本地的快递业务。和快递公司谈好意向后，云涛就开始寻找合适的地点准备开张。他在找房子的时候，发现一栋三层旧楼房正在整体招租。这栋楼房是一家单位的旧办公楼，地段不错，租金也不高。看完这栋楼，他决意全租下来。家里人觉得设个快递点，只租两间房子就足够了，整栋楼根本吃不消，再说手里的钱也不够付租金，都劝他打消这个念头。但云涛还是认准了这件事。

几番周折后，云涛和对方谈定15万元的年租金。他拿出5000元交了定金，签订了租房合同，然后就开始四处找人凑钱。一个星期后，他自己的全部积蓄加上借来的钱终于凑够了6万元。他把这6万元交给对方，请求再给他些时间，如果一个月内他交不清，已经交上的那些就不要了，算是赔偿金。他的热情和诚意获得对方赏识，使他顺利拿到了装修钥匙。装修期间，他就以翻番的价格，转租了好几间。等到装修完毕，他不但交清了房租，连装修钱也凑齐了，公司也搞了起来。

像云涛这样的人，没钱也要投资，因为他有头脑、有规划，因此无论遇到多少波折，也是注定要成事的。而很多有知识、有能力的人，却一天天虚度年华，生活没有一点起色。这些人缺少的就是成功的野心，以及无论如何都要往前走的思维方式和性格。

我们做一件事情之前，首先要抓住重点，做好全方位的准备，只有各项准备做到位，深思远虑，规划好，落实好，才能够为下一步事情的展开打好基础，人生的事业才能够顺利、迅速地发展下去。切忌走一步看一步，这样下去的结果往往就会偏离原来的目标，留下无穷的遗憾。做事有章程，能随机而变，就要求我们越到紧要关头，越要沉着冷静。全面分析所有的不利因素和有利因素，一方面最大限度地利用一切可以利用的有利因素，使有利因素的效力得以全面发挥；另一方面则要不放过任何一个机会，因势利导，这样才能够在困窘之中甚至陷入绝境时，沉着应对，化不利因素为有利因素，由被动变主动，由此找出反败为胜的机会。

把握全局，更要抓住核心问题

古往今来，许多成功者既不是那些最勤奋的人，也不是那些知识最渊博的人，而是一些善于思考的人。思考在很大程度上决定着一个人的行为，决定着一个人学习、工作和处世的态度。可以说，思考决定着一个人的前途和命运。

我们在处理一些重大事件之前，先要理顺思路，找到其中的关键所在，就能起到事半功倍的成效。俗话说："打蛇打七寸。"打到了蛇的"七寸"，就能毫不费力地将它打死，这里的"七寸"就是蛇的死穴，也就是平时我们说的关键点。分清主次，确立中心，其根本目的就在于使目标更加明确，使力量更加集中，集中力量打击主要目标，这样就能多一份成功的把握，甚至可以稳操胜券。

要想处理好事情，第一个关键问题就是人的问题，搞定重点人物，事情就成功了大半。当年曹操杀入洛阳、消灭董卓后，便把汉献帝挟持到自己的地盘许昌供起来。表面上，他以汉献帝为尊，自己出任丞相之职，而实际上献帝只是任他操纵的傀儡。有献帝在，曹操就可以代表朝廷，向四方诸侯发出各种指令，而诸侯们却没有任何理由对曹操轻举妄动。曹操后来的不断壮大，四方贤士猛将皆来投靠，不能不说与此有很大关系。中国人讲究"名正言顺"，即先让自己处于有利地位，才可能对他人施压而不伤身。《红楼梦》里的荣国府，一向是老太太当政。凤姐本是孙媳的身份，但因为把老太太孝敬得好，就得以一人独揽家政大权，银钱往来、佣仆调配、各种日常事务都由凤姐说了算。

我们无论做什么事情，都要先想通看透，看准谁是最紧要的人，什么事才是当务之急。如此，就可以省去许多不必要的中间环节，直接站在制高点上。

理顺了关键的问题，处理事情还要有抓核心的本事。我们要能够看透纷乱的表象，找到事物的主要矛盾，做出正确的决策，下大力气去解决。就好像在前进的路上，遇到了一块挡路的大石头，搬开这块石头，再往前走就能够畅通无阻。

清朝末年，杭州有一家全国知名的大药店，按照当时行业的惯例，药店设了一个"阿大"，也就是总经理，设了一个"阿二"，也就是副总经理。阿大全面负责药店的经营业务，阿二则专管药材的采买。在职位上，自然是阿大高一级，但是药店的药材采购常常需要出远门，采买事务只能由阿二独立做主。这样一来，阿大、阿二就很容易在药材的价格、质量上产生分歧导致矛盾与争执。

有一次，阿二从东北采购回一批鹿茸、人参等贵重药材。由于边境战乱，这一年的药材质量比往年要次一等，但价格却比往年高出许多。回家验货的时候，阿二被不了解情况的阿大指责办事不利，阿二心中十分不平，于是两人争执起来，最后一直吵到东家那里。

东家对他们分别做了一番安抚之后，留下他们一起吃晚饭，剑拔弩张的局面才得到缓和。这时候，东家根据药店经营的特殊性，对阿大、阿二各自的职责重新做了调整。他打破药店的传统分工，规定由阿二独立全权负责采购药材，从价格、数量到质量一应事宜，直接对药店东家负责。原来的阿大，现在全权管理药店经营，阿二则成为进货总管。如此调整，再没有出现以前那种争功推责任的扯皮现象，相反，两个人由于各自职责范围十分明确，反而各司其职、各负其责且相互合作，工作效率大大提高。药店的管理走向正轨，生意也越做越红火。

在战争中，抓住主要矛盾，找到决定战争胜负的关键点并加以攻克，就能够势如破竹地击溃敌军。现实生活中也是如此，我们在想问题、抓工作、定策略的时候要能够突出重点，善于抓主要矛盾，切忌主次不清、眉毛胡子一把抓。海尔集团创始人张瑞敏曾经说过："首先，作为企业的领导要有善于把握大局的能力。在眼前一大堆事情里，你能不能找出一个最关键的问题来，找出制约发展的根本问题来；在解决这个问题时，会不会对其他问题产生影响。这种很快抓住主要矛盾的能力，是企业领导必须具备的。"能够及时地解决问题的关键所在，才能使自己的计划一步步顺利实现。

直击问题的要害，很多事情都能迎刃而解

海尔集团创始人张瑞敏曾经说过："我感觉在企业里，最难的工作就是把复杂问题简化，如流程再造就是简化流程。但为什么做起来很难？关键是领导！领导只要看不到问题的本质，就简化不了流程。就事论事，会越办越复杂。"原通用电气董事长兼CEO杰克·韦尔奇曾经就管理问题提出一点："管理效率出自简单。"张瑞敏和杰克·韦尔奇先生的这两句话不仅适用于管理工作，也适用于人类的各种思考活动。

生活中的人们，在学习和做事的过程中，只有做到化繁为简，摆脱传统思维的限制，才能一针见血找到问题的关键。

一天，司马光和一些小孩玩捉迷藏。有个小孩不知躲在哪里，看见有个大缸，便眼珠子一转，踩着假山想进去。结果一看，里面有水，他刚想躲到别的地方，但脚一滑掉了进去。他大声喊救命，小孩们听到了。有的去喊大人，有的大哭起来。

但是司马光一点也不惊慌。他灵机一动，想出了个好办法，拿起身边的大石头，用尽全身力气向大水缸砸去，大水缸破了。水流了出来，小孩得救了。这就是流传至今"司马光砸缸"的故事。这件偶然的事件使小司马光出了名，后来有人把这件事画成图画，广泛流传。

司马光为什么能做到急中生智救出同伴？这就是抓住"焦点"思考问题的结果。不妨试想一下，如果你也遇到这种情况，你会怎么做呢？可能你也会和故事中的其他孩子一样，要么喊人，要么大哭，而只要你冷静下来思考一下，其实就能找出有效的解决办法——砸缸。

从这个故事中，我们也能看出一点，将思维转个弯，直击问题的要害，很多事情都能迎刃而解。

每个人都有或多或少的考试经历，考试中，相信你遇到过这样的情况：很多选择题的选项都很有迷惑性，你常常陷入困惑。但此时，如果你能直击问题的症结，就能很快找到最佳答案。

1960年，英国某农场主为节约开支，购进一批发霉花生喂养农场的十万只火鸡和小鸭，结果这批火鸡和小鸭大都中毒死了。不久，在我国某研究单位和一些农民用发霉花生长期喂养鸡和猪等家畜，也产生了上述结果。1963年澳大利亚又有人用霉花生喂养大白鼠、鱼、雪貂等动物，结果被喂养的动物也死了。研究人员从收集到的这些资料中得出一个结论：在不同地区，对不同种类的动物喂养霉花生都产生了中毒现象，因此霉花生是有害物。后来又经过化验研究发现：霉花生内含有黄曲霉毒素，而黄曲霉毒素正是致癌物质，这就是聚合思维法的运用。

当然，如果你有兴趣再进一步发散思考的话，你还会想下去，既然黄曲霉毒素是致癌物质，那么凡是含有黄曲霉毒素的食物也都是致癌物，除霉花生含有黄曲霉毒素外，还有哪些食物含有黄曲霉毒素呢？

从这个案例中，你是否有所启示呢？如果你遇到了问题，那么对于手中掌握的多个相关素材，你也要学着找到相关要素，或并列，或正反，或层进，以便在运用素材时能产生"合力"。在应用这一方法时，一般要注意三个步骤：

第一步是收集掌握各种有关信息。采取各种方法和途径，收集和掌握与思维目标有关的信息，而资料信息越多越好，这是找到关键点的前提。有了这个前提，才有可能得出正确结论。

第二步是对掌握的各种信息进行分析清理和筛选，这是解决问题关键步骤。通过对所收集到的各种资料进行分析，区分出它们与思维目标的相关程度，以便把重要的信息保留下来，把无关的或关系不大的信息淘汰。经过清理和选择后，还要对各种相关信息进行抽象、概括、比较、归纳，从而找出它们共同的特性和本质。

第三步是客观地、实事求是地得出科学结论，获得思维目标。

总之，在解决问题时，如果你能遵循以上三个步骤，就一定能找到问题的症结，从而有的放矢地解决问题。

破局思维

关键时刻亮出底牌，往往能出奇制胜

能成大事的人往往懂得见时机而行事，在自己力量尚无法达到追求的目标时，为防止别人干扰、阻挠、破坏自己的行动计划，故意制造假象，让别人看不透自己的底牌而始终心存忌惮。底牌之所以叫底牌，是因为它具有极大的隐蔽性和极强的实效性，它往往攻其不备而出奇制胜，取得事半功倍的结果。要使自己立于不败之地，就要适应外界的变化，灵活地隐藏自己，观察时机，关键时刻再出手以赢得胜利。

康熙是清朝的第四位皇帝，他在位共61年，是中国历史上在位时间最长的皇帝。康熙的统治奠定了清朝兴盛的根基，开创了康乾盛世的大好局面，康熙本人因此被后世尊为"千古一帝"。

康熙的能力并不是一开始就是如此，这里面也有一个由弱至强的演变过程。当年顺治帝驾崩，康熙即位时年方7岁，朝政由四个顾命大臣鳌拜、索尼、苏克萨哈、遏必隆把持,其中鳌拜自恃军功,行事飞扬跋扈,完全不把少年皇帝放在眼里。

当康熙年满14岁时,按规矩可以亲理朝政,但是鳌拜却一点还政的意思也没有。康熙自幼雄才大略,自然不愿一直当傀儡。于是,他开始暗中增强自己的实力,筹划这一切。他知道鳌拜在朝廷树大根深,如果不能一举将其拿下,很可能会激化矛盾,产生大乱。为了使鳌拜放松警惕,康熙表面上一再容忍鳌拜,有时甚至装出畏惧的样子,他还一再给鳌拜一家加官晋爵,连鳌拜的儿子也当上了太子少师。鳌拜经常称病在家,不上朝,康熙也听之任之,从来没有异议。

康熙的策略,是外松而内紧,他按照皇朝的规定,在满族权贵人家中间,选了一批身强力壮的子弟充当自己的贴身侍卫。这些半大的孩子,跟皇帝年龄相仿,平日里天天在一起练习摔跤。有时候鳌拜进宫办事,他们也在一起玩闹,鳌拜眼见这少年皇帝如此顽劣,心里暗暗高兴,自然就放松了警惕。

康熙的童子军终于训练好了,他见时机已然成熟,就暗中安排下一条计策。一天,鳌拜进宫汇报政事,他依然像往日一般,大摇大摆,一副旁若无人的样子。他来到皇帝的住处,只见平日那些孩子又在练习摔跤,一个个吃奶的劲儿都使上了,功夫却依然粗疏得很,素有"满洲第一勇士"之称的鳌拜对此一脸不屑。

不料那群孩子突然冲上前来，抱腰的抱腰，拧胳膊的拧胳膊，还有两个孩子紧紧地揪住他的辫子不放。初时，鳌拜还以为小皇帝跟自己闹着玩，等到一群孩子把他扳倒在地，他才觉得不大对头。这时他再要挣扎，已经迟了，一下子被捆了个结结实实。

康熙将鳌拜打入大狱，在朝中公布了鳌拜十大罪状，让其彻底不能翻身。另外，他又不动声色地起用曾经被鳌拜打压的大臣，消解鳌拜在朝中的势力。曾经不可一世的鳌拜，就这样被少年皇帝康熙清理掉了。

康熙正是因为隐藏了自己的真正实力，麻痹了对手，才一举抓获强敌鳌拜，获得最终的胜利。

为人处世非有城府不足以立世，含蓄来自自我控制的转化之功。能够像冰山一样只露出一角，让人摸不透你的心思，你会自保无虞，而且具有强大的威慑力。要做之事莫讲出，说出的话莫照做，让人无法看清你的深浅，此为在社会上屹立不倒的法宝。正如兵书上所说的那样，自己在明处，对手在暗处，此为大忌也。相反，尽可能地忍让、克制自己的欲望和冲动，便可以起到后发制人的作用，可以在知己知彼的情况下，获得竞争的主动权。

底牌的另一种作用，是不管前面的牌局如何变化，最后一道防线，也就是最后的根本所在，要牢牢地把握在自己手里。

三国时期，魏主曹操和蜀主刘备的天下都是自己亲手打下来的。打天下要用人，如何利用人才和控制人才，他们都有自己独到的功夫。

曹操一向以多疑著称，其实多疑只是曹操的一个侧面，真正面临抉择时，曹操绝非疑神疑鬼、草木皆兵的人。张郃与高览本是袁绍部将，官渡之战中，二人被袁绍的谋士郭图谗言陷害，袁绍怀疑二人有降曹之意，便派使者召二人回大营问罪。张郃与高览被逼无奈，索性拔剑杀了来使，真的带领本部人马投奔曹操去了。降将总难免受人怀疑，是真降还是诈降，曹营中人意见不一。此时，曹操发话，一言定乾坤，他表示："哪怕其怀有异志，我以诚意待之，时间久了，自然和我一心。"然后他吩咐大开营门，迎接二人归顺，封张郃为偏将军、都亭侯，高览为偏将军、东莱侯。二人大喜，到此时忐忑不安的心才放了下来。后来张郃在曹操帐下屡立功勋，于曹魏建立后加封为征西车骑将军。

刘备这里也发生过类似的事件。当年刘备打下樊城后，收了个干儿子刘封。手下人担心刘备已经有亲生儿子，现在又收一个螟蛉义子，日后可能因弟兄争位引起祸乱。对此刘备不以为意，他说："我待之如子，他必事我如父，何乱之有！"便义无反顾地认下刘封。

这些枭雄人物在用人处世时自有一套自己的理论，那就是无论你是出身微末还是来自敌对阵营，只要来投效，我就欢迎。如果日后反水，我自有法子治你。大原则既定，临事才不会翻来覆去、瞻前顾后，让身边人都无所适从。

聪明人如果想得到别人的尊敬，就不应该让别人看出他有多大的智慧和勇气。让别人知道你，但不要让他们了解你；没有人看得出你天才的极限，也就没有人感到失望。让别人猜测你甚至怀疑你的才能，要比显示自己的才能更能获得崇拜。平常小事可以适当放松，只要把握最后的控制权，就不会无故翻船。

第03章

破除思维定式，实现自我改变和突破

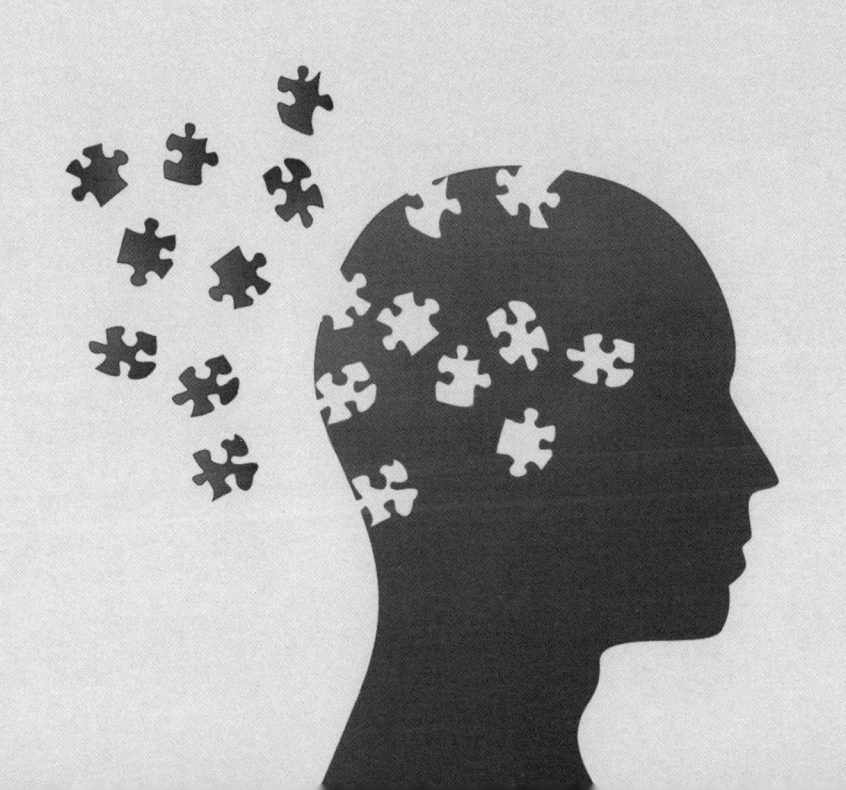

墨守成规者，无法实现人生的突破

所谓墨守成规，就是指坚持旧的思想和规矩等，坚决不改变。墨守成规是贬义词，用在现代社会，通常指人们思想僵化，不知道变通，也不能突破自我，始终生活在旧的条条框框里，无法超越自我，使得人生被禁锢住。在日新月异的现代社会，这样的为人处世方式，无疑是不受推崇的。

我们都处于一个飞速发展和变化的时代，时代要求我们必须与时俱进，才能跟得上发展的脚步，让我们自己得到进步和发展。但是偏偏有些人不愿意改变，而且拒绝接受新潮的思想和事物，这样一来无异于故步自封，闭塞了自己的整个世界。如此一来，还谈何进步和发展呢！

人们常说，条条大路通罗马，这就意味着人们在处理和解决问题时，往往可以采取很多不同的方式。尤其是遇到难题时，更应该发挥发散性思维，突破旧有的传统思维，甚至还可以采取全新的办法去尝试解决问题，如此，也许能够柳暗花明又一村。无论什么方法或者途径，只要不违背做人的原则和底线，就是有效的方法和途径，就是值得推荐和使用的。

现实生活和工作中，人们经常被已知的事物局限，导致自己无法有所突破和创新。因此，对于积累或者借鉴的成功经验，我们更应该努力保持一定的警惕态度，千万不要被其误导。要知道，世界在改变，万事万物都在改变，我们唯有坚持创新，才能找到属于自己的人生道路，拥有自己的辉煌人生。正如鲁迅先生所说，这个世上本没有路，走的人多了，也便成了路。办法总是人想出来的，我们唯有保持思维源源不断的动力，才能更加坦然地面对人生，另辟蹊径，避免墨守成规导致的禁锢和失败。

摆脱和突破思维定式的束缚，打开你的视野

一个人如果形成了某种思维定式，就好像在头脑中筑起了一条思考某一类问题的惯性轨道。有了它，再思考同类或相似问题的时候，思维就会凭着惯性在轨道上自然而然地往下滑。思维定式是阻碍人前进的一条铁链，它使人的思维进入无法前进的死胡同。

要摆脱和突破思维定式的束缚，往往需要付出极大的努力。无论是在创新思考的开始，还是在其他某个环节上，当我们的创新思考活动遇到障碍、陷入某种困境、难以继续下去的时候，一般都有必要认真检查一下：我们的头脑中是否有某种思维定式在起束缚作用？我们是否被某种思维定式捆住了手脚？

有一个边防缉私警官，他经常会看到一个人推着一辆驮着大捆稻草的自行车，通过他的边防站。

警官的直觉告诉他，这个人肯定有问题。于是，警官每次都会命令那人卸下稻草，解开绳子，并亲自用手拨开稻草仔细检查。尽管警官一直期待着能发现些什么，却从未找到任何可疑之物。

这天傍晚，警官像往常一样仔细检查完稻草，然后神色凝重地对那人说："我们打了好多次交道，我知道你在干走私的营生。我年纪大了，明天就要退休了，今天是我最后一天上班，假如你跟我说出你走私的东西到底是什么，我向你保证绝不告诉任何人。"那人听了对警官低语道："自行车。"

这位警官的思维就被禁锢在那一大捆引人注目的稻草上，而忽略了作为"运输工具"的自行车。任何复杂的现象，其复杂的只是表面，内部实际都有一般性的规律，都可以找到简单的分析、处理方式。这就是化繁为简的过程，在这个过程就要找寻规律，把握关键。

然而，很多时候，我们在寻找解决问题的方法时，往往把问题考虑得过于复杂化，其实事情的本质是很单纯的。表面看上去很复杂的事情，其实也只是由若干简单因素组合而成。所以，我们要看到思维的力量，也应该锻炼自己的头脑，拓展自己的眼光和思维。灵活的头脑和卓越的思维为我们提供了这种本领，深入地洞察每一个对象，就能在有限的空间成就一番可观的事业。

孙月刚参加工作的时候，家里长辈就叮嘱她做事要小心谨慎，不要像在学校里那么随意。孙月本身也不是个争强好胜的人，每天按时完成老板交代的工作，不违背自己的工作原则，总而言之，就是一个普普通通的小职员。小公司里人事简单，孙月在这里做得还挺开心的，不知不觉两年过去了，孙月虽然没有升职，但也变成一个有点资历的"老"员工。

一天，老板交给孙月一项任务，要做一份公司的年度规划。孙月知道，考验自己的时候到了。她就像往常一样趴在桌子上慢慢地想，慢慢地查资料，慢慢地规划，就这样不知不觉一个星期过去了，眼看离老板交代的时间越来越近，可她还是一点头绪都没有。这时候，一位平日关系不错的同事提醒她说："你可以换一种思维呀，不要老是局限在自己以前的固定模式里，像这样的规划，你必须到市场上先了解现在业务的行情，然后根据现在的业务量和以前的业务量，以及人们的平均消费水平进行综合评估，这样才可能圆满地完成任务呀！"孙月茅塞顿开，是啊，自己一直以来都是在电脑上、资料上研究问题、处理问题，却忘了现在任务不同，自己原来的固定模式已经不适应现在的情况。于是她亲自到市场上研究，然后结合以往的资料完满地完成了任务。

我们在处理事情的时候，经验的作用是不可小视的。也就是说，你会按大脑资料库里储存的东西，给当前的事件定性，然后把以前解决问题的方法套用到这个事情上来。说起来很麻烦，其实在我们头脑里，它只是一个下意识的选择，事情一出来，你会想："哦，这个我熟，如此这般，就可以搞定了。"

思维的定式当然也有它积极的一面，可以帮助我们迅速解决问题。但是你如果陷到某种"定式"里出不来，它就成了束缚我们创造性的枷锁。

无论是思考如何解决碰到的新问题，还是对已熟悉的问题寻求新的解决方案，一般都需要在多途径地探索、尝试的基础上，先提出多种新的设想，最后再筛选出最佳方案。而基于反复思考一类问题所形成的"一定之规"，对这样的创新思考常常会起一种妨碍和束缚的作用。

持有这种心理状态，说明你是一个对自己的能力缺乏自信的人，有极强的依赖性与惰性。如果能够转变一下思维方式，视野一下子就打开了。之后你就会觉得，方向更清晰，可做的事情也更多了。

换个视角,问题往往迎刃而解

遇到难以解决的问题时,聪明人可以把复杂问题简单化,不聪明的人则会把简单的问题复杂化。事实上,解决复杂问题时能够化繁为简,就体现了一种新的视角,开启另一个视角,就会产生一条新思路。

在处理事情的过程中,没有绝对解决不了的难题。有的人之所以陷入僵局,只是因为按部就班,没有更换角度。在这个世界上,从来没有绝对的失败,有时只需稍微调整一下思路、转变一下视角,失败就有可能向成功转化。

谁都希望前进的道路畅通无阻,然而总有意想不到的事情干扰着我们的思维,打乱我们原有的计划。为了完成目标,为了成就梦想,我们给自己设定了一个又一个规划,朝着这样的方向百折不挠地走去。但是当种种困难挡在我们面前的时候,计划就无法实现,终究还是永远停留在计划的阶段。

这个世界上没有一成不变的事物,唯一不变的就是变化。

聪明的人懂得适时而动,适时而变,"穷则变,变则通,通则久"。

古时候,有一位皇帝南巡,沿途州县得到消息,都会预先做好准备,如果在自己的境内出了什么差错,那将是谁都承担不起的欺君大罪。

这时候,沿江一个小县忽然天降暴雨,山体滑坡,山石泥土将县城外唯一的一条官道给堵住了。雨停了之后,县令赶紧组织人手清理道路。碎石杂物还好说,很快被清理出去了,但有几块巨大的山石横在路上挡住了道路。石头太大了,人们围上去后找不到着力点,很难把它们抬动。这时有人建议回县城取来绳索木杠做一个绞盘移动大石,但是这样要费很大周折,而南巡的车队很快就要过来了。

县令皱着眉头围着大石转了两圈,忽然眼前一亮,吩咐手下人在那些大石头周围挖个坑,然后把大石头推进去埋平。大伙儿赶紧依计施行,挖坑、埋石、运走泥土、压实路面,忙乱却有序。

第二天,南巡的车队来了,只见这里道路畅通、路面平整,大队人马顺利地通过了。本地县令调度有方,得到了嘉奖。

世事变幻无常，做事情不能因循守旧、墨守成规，而要灵活应对，根据事物的发展变化审时度势地做出果断的改变，这是成事的关键因素。

同一个困难，同一个问题，从不同的角度看，就会产生不同的感觉和不同的想法。每个人都希望自己做事能有一个好的角度，从而把事情做得尽善尽美。这种好的角度当然是从思考而来。突破常规思维，从另外的角度进行思考，往往能够柳暗花明见新天。这样的事例在日常生活和工作中有很多，由于这种思维方式灵活多变，能出奇制胜，所以往往能取得意想不到的成功。对于一个本质相同的问题，用两种不同的角度去看，会得到截然相反的答案。所以，当我们做事时，不妨选择一个好的角度。有一个好的角度，我们做事就成功了一半。

在现实生活中，当人们解决问题时，时常会遇到瓶颈，这是由于人们的思维停留在同一角度造成的，如果能换一换视角，情况就会改观，就会有新的变化与可能。换个角度，就换了一种思路，就打破了自己的习惯思维和固有思维，这样，必然会有不一样的结局出现。

一味地"随大流",你会逐渐失去改变的意识

就本质而言,人一出生就具有独立性和依赖性的双重个性,如果让依赖性占了主导地位,就容易重复一种因循守旧的生活模式:他们认为躲在人群里才是最安全的,拒绝结识新朋友;只穿样式普通的衣服,稍稍体现一点个性就浑身不自在;每天按部就班地生活,拒绝听取不同的意见;死死守住自己牢骚满腹的工作,不敢也不喜欢做出变动。他们不是没有改变的能力,而是没有改变的意识。

总爱随大流,这里面的思想基础其实很简单,对于自己的思维判断,他们没有充分的自信,觉得走的人多的才是正确的道路。另外,身边的人多,无形中就提升了安全感,即使失败了,他们也会自我安慰说:"没关系,反正也不是咱们一个人。"然而,他们从来没有考虑过,为什么要走这条路,还有没有其他更有价值的道路。

一位著名的生物学家发现，一种毛毛虫有种很有意思的习性，它们外出觅食，都会跟随在一只同类的后面，在地上快速爬动，没有方向也没有目的。生物学家做了一个实验，他捉了许多这种虫子，然后把它们一只只首尾相连放在一个花盆周围，在离花盆不远处放置了一些这种虫子很爱吃的食物。一小时之后，他前去观察，发现这些虫子不知疲倦地在围绕着花盆转圈。一天之后再去观察，他发现虫子仍然在一只紧接一只地围绕着花盆疲于奔命。几天之后再去看，不远处的食物原封未动，而这些虫子已经在花盆周围累得饿死了。

该换一种思维方式生存的不仅仅是虫子，还有比它们高级得多的人类。在漫长的人生路上，多数人就像在磨道里拉磨一样，永无休止地在这个环形道上走着，走完一圈再走下一圈，无休止地重复，无休止地走动，直到生命的最后一刻。也有一些聪明人，他们不甘于在这种环形路上重复走下去，便另外开辟了一条路。于是他们走出了圈外，看到了大千世界更多的别人没看到的事物，得到了别人没有得到的东西。相比之下，他们的见识超过了常人，他们的财富超过了常人，他们成了成功者。这就是另辟蹊径的好处。

从众心理的形成，常与一些不健康的心理因素相联系：从众可以不冒风险，对了皆大欢喜，错了大家都不丢面子；从众可以维持和谐局面，避免发生分歧、争吵和斗争；法不责众，即使是犯了极其严重的错误，人人都有份儿，可以不受到追究。这些不健康的心理因素，显然对创新思维是不利的，使我们错过了许多学习和创新的机会。

在生活中，当你提出某些有创造性的观点时，你要做好被否定和被怀疑的准备。但是如果你能坚持你的独创精神，那么，你就会发现你的坚持将得到回报，因为虽然创造性的代价可能有时会很高，但从众的做法所付出的代价会更高。虽然群众的眼睛是雪亮的，但一个人的长短优劣只有自己最清楚，最适合别人的路，不一定同样适合你。那些在某一领域取得了辉煌成就的人，从来都敢于在不同意见中做出决断。

某公司新来一位执行总裁，他在业内小有名气，以雷厉风行的工作作风著称。他上任后不久，有一次将几个重要下属召集在一起开会，讨论合并一些业绩不佳的小城市销售网点的问题。新总裁提出了一个方案，而下属们你看看我、我看看你，一时之间竟没有人站出来发言。直到新总裁依次点名，他们才吞吞吐吐地表达了一些大致相同的意见。原来，合并销售网点的事吃力不讨好，那些冗余人员会因为失去好职位、好地盘而心生不满，制订和推行合并方案困难重重。下属们认为，这个方案要缓行，等时机成熟时再做考虑。但新总裁在仔细听取大家的意见后，仍感到自己是正确的。在做最后决策的时候，虽然参加会议的人员都持反对意见，他依然宣布这个方案通过。

在这次会议上，新总裁这种忽视多数人意见的做法似乎过于独断专行。但其实，他已经仔细地了解了其他人的看法并经过深思熟虑，认定自己的方案最为合理。而其他人持反对意见，只是一种条件反射，有的人甚至是人云亦云，根本就没有认真考虑过这个方案。既然如此，自然应该力排众议，坚持己见。因为，所谓讨论，无非就是从各种不同的意见中选择出一个最合理的。既然自己是对的，那还有什么犹豫的呢？

长期以来，许多人习惯于传统的思维方式，喜欢"照葫芦画瓢"，看到别人怎么做就马上跟着怎么做，从来没有自己的思维，从来不考虑要靠自己想出新的做事方法。这种人的事业注定不会有很大的发展空间。思维是改变自我的内在基础，好方法是解决问题的必要工具。只有运用头脑，积极思考，转换思路，不断开拓出新的做事方法，你才能够在社会中发现、创造更多的机会，实现自己的目标，改变自己的生活。

换一种思维方式,就是一场奇迹的开端

我们走路的时候,如果眼前总是又宽又直的大道,这当然是令人愉快的。然而实际上,我们常常会遇到那种让人看不清前路的大转弯,或者是不知道通往哪里的岔道。这就是考验我们思维能力、判断能力的时候了,通过了考验,才能到达你所向往的坦途。

创造性潜能的发挥存在着诸多障碍。虽然我们每个人都有无限创造性的潜能,但"现实"的力量总是在扼杀我们的想象力。分析表明,创新能力最大的威胁来自你内心的声音,"糟了,这事儿我完全没有办法处理",类似的念头使我们对自己创造性的思考能力产生怀疑,这种缺乏自信的态度会阻碍我们提出新的创意。而好的思维,会使人生旅途充满希望,每一种好的思维方式,都是一场奇迹的开端。

广州的富商陶老板是做百货生意的,他从路边的小摊干

起,逐渐经营起自己的超市,如今已拥有10多家连锁店。事业一大,手下人等难免鱼龙混杂,加上陶老板一直倾向于人情管理,制度上并不太严格,就有一些超市的经理暗中耍花样,有很大一块利润都流进了他们私人的腰包。

这几年陶老板年龄大了,就有了退休的打算,这时候儿子也已经锻炼出来了,陶老板就打算以后让儿子主持大局,自己退居幕后养花钓鱼。盘账时才发现,超市的漏洞太多了。这个烂摊子是一定要整顿的,否则传到儿子手中,将更加不可收拾。但是如果十几家超市一起查,人手就成问题。而且不光是查账,还要查架子上的货,不是外行做得了的。眼看事情就要搁浅,陶老板愁得白发都多了几根。他儿子这时想出了一个绝佳的主意,他帮父亲分析道:查账的风声一起,弄得人心惶惶,反而容易出乱子。查出毛病来不必说,如果什么也没查出来,人家心里就会不舒服,以后肯定影响工作。不如干脆来个大换位,十几个经理通通调动,调动要办移交,接手的有责任,自然不敢马虎,这样一来,账目、架货的虚实,就都盘查清楚了。陶老板拍案叫绝,于是就以儿子新老总上任的名义,将连锁超市来了个通盘大调换,不动声色地完成了查账任务。

巧妙的思维方式,有拨开云雾见日光的功效,想通了,前面的路也就走得顺利了。随着社会的不断发展，现成的机会恐怕越来越少，不管你身在哪个行业，要想有所成就，更多是要依靠认识的更新、头脑的创意。我们只要更新观念，摆脱传统思维模式的束缚，就能够想到别人想不到的主意，最终获得成功。生活、工作的各个方面都可以迸发出创造的火花。思维的力量是没有上限的。

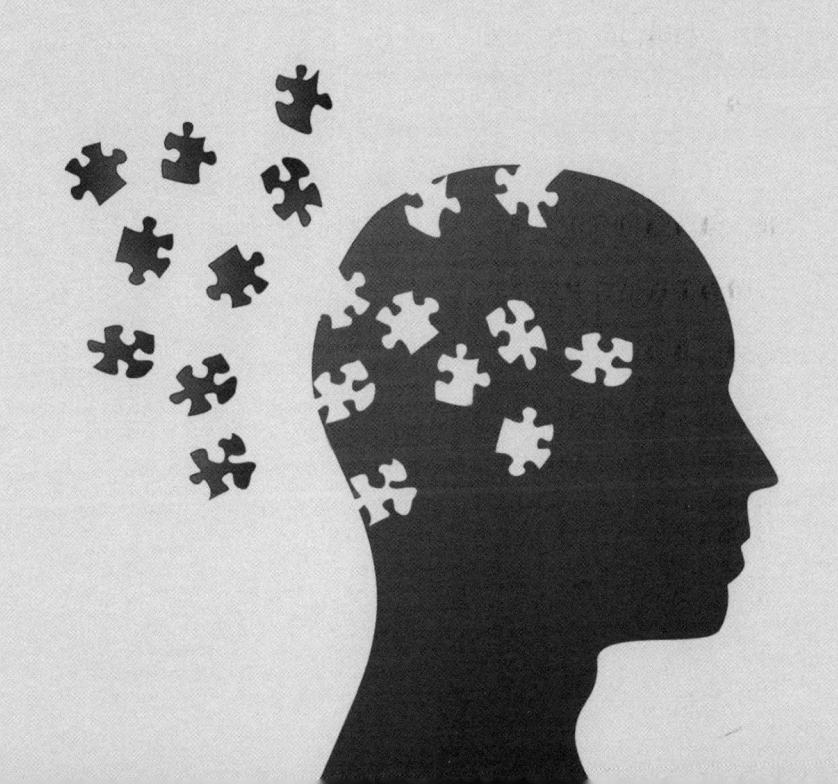

第04章
换个思路和角度，往往能打开新的局面

用心经营手中的每一张牌，你就有可能改变命运

在地球一侧的蝴蝶扇动翅膀，就有可能让地球的另一侧发生飓风。这听起来有些不可思议，甚至让人难以置信，但是事情的发展就是这样，看似不相干的事件之间却有着千丝万缕的联系。从这个角度进行分析，我们也可以清晰地认识到，一张牌的改变，就可以使整个牌局为之改变，甚至影响最终的结局，这是完全可以理解的，也是可以接受的。

人生并不像我们所奢望的那样是绝对公平的，相反，不同的人生悬殊很大。例如，有些人生下来就是"富二代"，即使自己毫不努力，也能享受很好的生活，人生总不至于太差，甚至轻轻松松就能过得比大多数人更好。相反，有些人生来就很贫穷，不但家境贫寒，还有可能面对更多接踵而至的不幸。在这种情况下，如果抱怨，则非但于事无补，还会扰乱自己的心绪，使自己无法更好地收拾残局，把握未来。真正心智健全的人，会忽视这些天生就存在的差距，并持之以恒地付出加倍

的努力，改变自己的命运。很多时候，我们不需要从各个方面拉近与那些天生高起点的人之间的距离，而只需要在某个方面非常突出，或者有所建树，就能轻而易举地改变自己的人生格局。因而，永远不要被那些看起来客观存在的诸多差距吓倒，只要你能坚持不懈，持之以恒，奇迹终有一天会出现。

作为一个从贫苦人家出来的孩子，少辉从未想到自己的人生能够达到如此的巅峰。时至今日，当年和父母一起在黄土地里劳作的情形依然时常出现在他眼前，而在考上大学的前夜，父亲忽明忽暗的烟袋也深深地灼伤了他的心。尤其是进入大学生活之后，看着像"土包子"一样的自己，再看看班级里那些穿着名牌、开着豪车的有钱同学，他觉得自己简直低到了尘埃里。然而，这一切都从未使他沮丧到绝望，反而激起了他无穷的斗志和勇气。他发誓要在这个繁华的城市谋求一席之地，还要把父母也接到大城市享福。

大学毕业后，少辉从贩卖小商品开始，每天都早出晚归，一边上班，一边利用闲暇时间赚取外快。随着资金的积累，他等到自己有能力开一家店铺时，便辞掉工作，开始经营自己的生意。他从不敢浪费一分一秒的时间，每当店里生意清淡时，他就充实自己的淘宝店铺，提升自己的服务。如今，少辉的连锁店已经开遍了这个城市的每个角落,也已经深入人心。他完成了自己的心愿,却从未停下前进的脚步。他下一步的目标是,冲出国门,走向世界。

对于一个来自农村的穷小子,既没有雄厚的资金支持,也没有多大的后台和背景,他所能依靠的只是自己。为此,他脚踏实地,一步一个脚印地在这个城市奋斗,只为了有朝一日实现自己卑微的梦想。功夫不负苦心人,虽然累过苦过,而且奋斗还在继续,但是少辉好歹初步在这个城市站住了脚。

生活中,不管你手中是怎样的一副牌,都永远不要放弃,不要气馁,更不要绝望。只要你用心经营自己的牌,哪怕是一张牌的改变,都能给你带来新的机遇,甚至是重新洗牌的机会。鲁迅先生原本应该从医,最终却因为国人思想的愚昧麻木,毅然决定弃医从文,从此这个世界多了一支战斗的笔,唤醒了无数国人沉睡的灵魂。虽然我们只是普通而又平凡的人,但是命运之于我们也毫不吝啬。在人生的漫漫长路上,永远不要放弃任何机会,因为哪怕只是一个微不足道的机会,都有可能彻底改变你的命运和人生轨迹。

与其选择缴械投降，不如奋起反击

在数万年前，作为地球上最强壮有力也声势浩大的物种，恐龙曾经占据生物链的顶端，是万物之首。然而不知道为何，恐龙却销声匿迹了。对此，很多科学家都展开了深入研究，却没有人能够给出准确明晰的解答。为此，有些科学家猜测，也许是因为恐龙长期安逸地生活，最终导致它们失去应变能力，被剧烈变化的环境夺去了生命。尽管这只是猜测，却不无道理。对此，在千百年前也留下了这句古训——生于忧患，死于安乐。这句话的意思是说，在忧患之中，人们因为危机意识，反而生活得更好。而在安逸无忧的环境中，人们因为没有敌人，也无须担忧，最终失去生存的能力。即便是在现代社会，也有很多安于现状的人，他们丝毫没有忧患意识，即使各种激烈的竞争每时每刻都在发生，他们依然埋起头来，对危险视而不见。其实，这样的人生存能力是很弱的，根本经不起风吹雨打。

第04章 换个思路和角度，往往能打开新的局面

人生不如意十之八九，每个人在人生的过程中都需要面对层出不穷的困难。是选择缴械投降，彻底失败，还是选择困兽犹斗，不到最后时刻决不放弃，这一切都完全取决于我们的内心和对待人生的态度。人们常以案板上的肉任人宰割形容无计可施的自己，殊不知，与其被动地躺在案板上，不如努力一搏，或许还能出现转机。

很久以前，有个老人独自居住在深山老林里，与猴子为伴。每天，老人都会拿出一些从山里采摘的野栗子喂猴子，通常上午和下午每个猴子各能分到四颗栗子。后来，老人年老体弱，已经没有足够的精力采摘野栗子供给猴子食用了，为此他和猴子商量，能否把每天的栗子供应量减少，上午一颗，下午两颗。没想到，这些生性顽劣的猴子马上开始造反，派出代表与老人谈判："为什么栗子减少了，而且还越来越少呢？"老人无奈地说："我实在是太老了，无法帮助你们继续采摘栗子。你们就体谅体谅我吧！"然而，愤怒的猴群根本听不进老人的解释，恨不得把老人的屋顶都掀翻呢！在这种情况下，老人思来想去，终于想到了一个好办法。

他再次找来猴群的代表，好言好语地商量："我老了，已经没有能力供给你们食物了。但是如果你们把采摘来的栗子给

我，我可以保证你们每天下午都比上午多吃一颗栗子，我会给你们分配上午两颗，下午三颗，怎么样？"猴群的代表听到这个方案觉得很高兴，马上就答应了，猴群也很高兴，它们感恩老人下午多给他们一颗栗子，每天都非常勤劳地采摘栗子，送给老人。

虽然这只是一个寓言小故事，却为我们揭示了一个真理。面对愤怒的猴群，老人没有消极对待，而是主动想出了一个"好办法"，平息了猴群的怒气。

人生总是瞬息万变的，很多事情的发展也随着时间的推移在不断地改变。在这种情况下，假如我们一成不变，就相当于被时代的洪流甩下。聪明的人总是能够审时度势，在最短的时间内激发自己的潜能。所谓天无绝人之路，只要我们自己坚持不放弃，就总能寻得一线生机。

主动改变，提升胜算

时代在发展，任何人如果始终保持一成不变，都会被时代的洪流甩下，甚至被淘汰。当然，生活中不乏有些惧怕改变的人，他们已经习惯了墨守成规的生活，很害怕改变之后的状况是自己无法接受的。因而他们选择排斥和抗拒改变，甚至是自欺欺人。最终的结果如何呢？即使内心百般不愿意，他们依然被时代裹挟着改变。明智的人会反思自己，既然改变的命运无法抗拒，为何不能变被动改变为主动求变呢？至少这样一来，还能占据改变的主动权，让自己的人生多一些选择的空间。

在这个信息大爆炸的时代，一切事情都讲究效率和速度，改变也是如此。被动改变一定会远远落后，这样的改变即使心不甘情不愿也必须要进行，却未必有好的结果。相比之下，主动改变则占据更多的优势，能够帮助我们在时代的洪流中抢先，成为潮流的引领者。也许最终的结果并不好，但是你却能够占据先机，有更多发挥的空间。在这种情况下，你胜算的机会也会大了很多，何乐而不为呢！

作为一名保险推销员，亚娟进入公司半年以来，始终没有任何业绩。对此，亚娟很苦恼，眼看着还有半个月，她的延长试用期就到了，她心急如焚。无奈之下，她只好去求助公司的销售冠军。看着亚娟愁眉苦脸的样子，"销冠"不以为然地说："你的情况很正常，我刚刚进入公司的时候也这样。"亚娟惊讶得张大嘴巴，说："啊，真的吗？简直难以想象啊！""销冠"依然淡定地说："当然是真的，谁生来就是'销冠'呢！大家都是从不会到会，再到熟能生巧。不过你的确有个问题，你的思维太僵化了。如今你已经进入公司将近半年，居然才想起来反思自己。不过还好，你至少没有等到被开除之后再来请教。"亚娟不好意思地笑了，说："我一直不知道问题出在哪里，又不好意思麻烦你，向你求教。""销冠"直截了当地说："要想改变现状，首先要改变你自己。"亚娟很困惑，说："但是我真的完全不知道问题出在哪里。""要想让别人从你这里购买保险，首先要让他们接受你。你就要了解，他们眼中的你有哪些缺点和优点，从而才能扬长避短。"

"销冠"一语惊醒梦中人，亚娟突然意识到问题出在哪里了。她当机立断，马上放下手中毫无进展的工作，开始挨个打电话询问那些认识她的人:"你们觉得我的缺点在哪里?有没有什么优点?"如此持之以恒地问完了身边所有熟悉的人,亚娟发现了自己的缺点,就是不喜欢笑。对于一个销售人员而言,这无疑是缺乏亲和力的根源,也会导致与客户接触时无法得到客户的信任。当然,除此之外还有很多问题,亚娟全都细心认真地记录下来,逐条改正。最终,亚娟在短短的一周时间里就发生了初步的改变,后来又在工作的过程中不断完善自我。虽然亚娟在试用期内还是没有成功签约,但是她很愿意继续留在公司,不要底薪地维持工作。在试用期结束后的第一个月,亚娟就成功签约了三份保单,她直接成为公司的正式员工。

如果从不知道改变,而只是一味地苦恼,亚娟的工作依然不会有任何进展。正是因为"销冠"的提醒,亚娟才意识到自己是需要不断改变和完善自我的,因而一下子就找到了问题的关键所在。这个世界处于瞬息万变之中,我们的生活和工作都随着世界的改变而不断地发生变化。以不变应万变已经成为历史,我们唯有主动求变,才能更好地适应现代社会,也才能不断完善和提升自己。

对于客观存在的世界,曾经有位名人说,假如你不能改变世界，你可以改变自己。的确，很多客观的存在是无法改变的，但是我们的心却可以随时调整。每个人都是自己的主人，只要我们愿意，我们可以随时随地处于变化之中。如果你不想在人生之路上被淘汰出局，那就必须选择以主动改变应对客观世界的改变，从而避免被动改变的尴尬和无奈。

破除思维惯性，你会豁然开朗

自从有人无意间从拦腰截断的苹果中发现了五角星，切苹果的方法就已经被彻底颠覆了。如今，越来越多的人热衷于欣赏苹果里的五角星，所以主动尝试以新方案征服苹果之心。那么，你是从什么时候知道苹果中藏着五角星的呢？如果你此时此刻刚刚知道，现在就放下书去拿起苹果，试着拦腰横切吧，相信你一定会有小小的惊喜！

人是有思维定式的，对于很多常见的问题，人们总是懒于思考，而习惯性地因循守旧，依然用此前验证过无数次的老方法去解决问题。当然，这么做是很稳妥的，毕竟前人无数的成功经验告诉我们这么做不会闯祸。但这么做也是很枯燥乏味的，因为解决问题的方法就此停滞不前，在时代飞速发展的今天，它始终处于凝固静止的状态。不管是对于个人而言，还是对于企业而言，甚至是对于民族或者整个国家而言，这样的墨守成规、因循守旧，都是不利的。

弗吉尼亚城位于亚细亚，城里流传着一个著名的预言。在几百年前，歌迪亚斯王就曾经在牛车上系了一个结构巧妙、特别复杂的绳结，而且他曾经昭告天下，说能够解开这个绳结者，将会成为亚细亚的统治者。从那以后，就有很多人不远万里地赶来弗吉尼亚城，瞻仰歌迪亚斯王的绳结。但是不管他们多么认真细致，都无法找到绳结的头，就更别提解开绳结了。为此，很多人只是为了满足自己的好奇心来到这里，对于亲手解开绳结根本不抱任何希望。

公元前323年的冬天，亚历山大帝率领大军，来到了遥远的亚细亚。当时，他首先来到弗吉尼亚城，并且去看了那个著名的绳结。和大多数人一样，亚历山大对这个著名预言也心怀好奇，因而特别派人带着他去观瞻绳结。亚历山大对着绳结凝视良久，同样找不到绳头，对歌迪亚斯王的敬佩之情油然而生。然而他又转念一想，既然不能解开绳结，为什么不能用利剑将其劈开呢！歌迪亚斯王可没有规定解开绳结的方式啊！想到这里，压力山大毫不犹豫地拔剑出鞘，对准绳结稳准狠地一剑下去，绳结应声而开。就这样，这个几百年来困扰了无数人的神秘之结被打开了。

面对着几百年来无人能解开的绳结，亚历山大只拔剑出鞘，手起剑落，就轻而易举地解开了绳结。其实并非亚历山大多么聪明睿智，而是他改变了思维方式，换了个角度思考问题，最终出奇制胜，一招制敌，就这样破解了歌迪亚斯王的谜题。

不得不承认，思维具有很大的惯性。通常情况下，一旦人们习惯了某种思维方式，就很难打破僵局，彻底改变。然而，时代却要求我们创新，我们唯有突破思维的局限，让思维变得开阔，才能引领自身不断奋进，朝着更高的境界迈进。正如一位名人所说的，人最大的敌人就是自己，当我们突破自身的局限和桎梏，就会觉得豁然开朗。朋友们，从现在开始就加倍努力吧，不要让自己的心禁锢于囚笼之中，更不要让自己的人生因此而局促不安！

积极地改变思路，从而找到成功的最佳路径

现代社会是信息大爆炸的时代，顺应时代发展的潮流，也涌现出很多类似于"金点子"的创意公司。现代社会的人们更加关注创新，也希望能够打开思路，赢得更广阔的人生空间。然而，现实生活中，却有很多人已经习惯了随波逐流。他们非常麻木，只愿意跟随常规的思路行事，很少主动想到应该努力创新，积极求变。不得不说，这样的人生是很难取得突破性进展的，只会让人拘泥于陈旧迂腐的生活之中，甚至导致生活缺乏新鲜血液的注入。

很久以前就曾有人说过，在商界中，假如一件事情有很多人都跟风去做，这时就已经失去了先机。大多数情况下，一个真正的好创意、金点子，只有在大多数人都表示反对，而只有少数人对此持有赞同和支持的态度时，才是真正的好创意，才是真正能够帮助人们实现命运转折的金点子。这就是时机。古人都说凡事要讲究天时地利人和，更何况是已经进入信息时代

的现代社会呢！要想让自己的人生取得突飞猛进的发展，要想让自己的进步更加神速，要想让自己做起事情来事半功倍，更加接近成功，我们就必须努力积极地改变思路，从而找到成功的最佳路径。从这个意义上来说，我们只有巧妙地打开思路，才能真正拥有创新、进取的未来。

生活中，常常有人抱怨命运不公平，客观条件太恶劣。实际上，客观存在是很难改变的，我们与其花费宝贵的时间来抱怨，不如积极调整思路，改变态度。心若改变，整个世界也会随之改变，这句话是很有道理的。细心的人会发现，古今中外，大凡成功人士，无一不是具有先进的思路。正是正确的和有前瞻性的思路，才能引领他们在前进的道路上始终保持正确的方法，及时校正自己的方向，从而才能让人生插上翅膀，飞跃重重艰难阻碍，获得成功。

一家知名房地产经纪公司近年来发展迅速，他们在几个一线城市中，成交占比已经高达40%。这样的占比，使得几乎没有任何公司能够与他们抗衡。在这种情况下，这家公司的老板左军却突然改变思路，提出在整个公司内进行全面整改，并且提出了绝对遵守真房源的理念。在当时的市场情况下，左军提出的真房源不但指店面房源真实，而且也指网络的线上房源同样保证真实。这就意味着在市场的超低房价和假图片中，公司所有的经纪人都必须发布高于网络价格的真实价值。无疑，在短时间内，他们网络上的房源会因为价格缺乏竞争力、图片缺乏吸引力，而导致大量客户流失。

刚开始时，很多一线工作的销售人员都很难理解左军的决定，甚至带着排斥和抵触的心理对待工作。他们之中也不乏有些人顶风作案，依然偷偷地发布价格低廉、图片抢眼的假房源，但是公司清查力度超出了他们的想象，新规公布的短短一个星期里，就有几十名员工被开除了。这样严厉的执行力度，使得留下的员工们全都严格遵守公司制度。一段时间之后，曾经被网络客户抛弃的现状渐渐改变，由于大家认识到虽然这家公司发布的房源价格高，但是没有任何谎言的成分，全都是真实有效的，这极大地节省了客户从网络上良莠不齐的信息中筛选和甄别的时间，因而很多客户都变成了忠实客户。尝到甜头们的员工都开始佩服左军的高瞻远瞩，而整个二手房市场，也因为这样的榜样作用，被肃清了风气。

在这个案例中，左军原本已经带领公司取得了很好的发展，却又与时俱进，及时改变思路，成为行业的领先者，不但为整个行业带来了新风气，也给真正需要买房的客户创造了极大的便利。对于这样一家良心企业，能够走在时代的前沿，对于整个行业的发展都起到引领作用，无疑是让人钦佩的。也正是因为左军的带头作用和先进的思路与理念，这家公司才能发展得更好，博得更多客户的认可。

不管对一个人来说，还是对一家企业来说，思路的开阔都是非常重要的。任何时候，闭塞的思路都会使人思维守旧，行为落后，当然也就无法做到与时俱进，更不可能取得良好的发展。很多时候，人们一旦遇到挫折，就会自我鼓励要坚持不懈。实际上，如果努力始终没有成果，最好的办法是积极进行自我反思，以打开思路，让自己的想法和创意更加超前，这样才能抢占先机，更好地面对人生。在这个世界上，任何东西都不会是静止不动的。我们只有保持不断的进取和创新，才能跟上时代的脚步，成为时代的领军人物！

第05章
放弃愚昧陈旧的思维,才能拨开云雾见青天

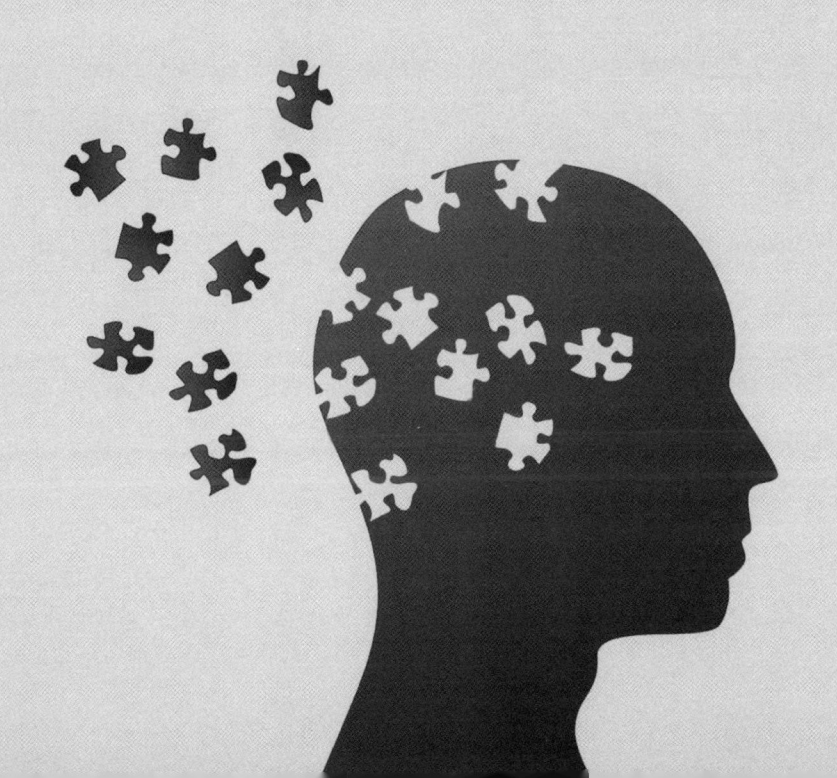

人有所得,就要有所失

世间之事,有得必有失。有的人会无端生出许多烦恼,这都源于利害得失间的矛盾。人有所得,就要有所失。注定失去的东西就要毫不吝啬,甚至忍痛割爱。失去也并不完全是坏事情,有时反而催促生命的进步。有句话叫作"当断不断,反受其乱",其中的经验教训值得我们每个人吸取。

实业家张广博出身贫寒,在小时候曾经卖冰棒补贴家用。就是在那段日子,他领悟了许多为人处世的道理。

念小学时,张广博每年夏天都会利用课余时间去卖冰棒。他做生意的全部家当,就是一个自制的保温木箱,木箱可以装40支冰棒。张广博背着木箱沿街叫卖,即使热得汗流浃背,也不舍得吃一支。

有一天,他才卖出3支,突然间天降大雨,路上的行人纷纷躲避,街道一下子空了下来。张广博的冰棒卖不出去了,箱子里剩下的冰棒开始慢慢融化。

张广博急得眼泪都快出来了,但是无论怎样,都阻止不了冰棒的融化。这时他心想,"反正就要化掉,不吃白不吃"。于是一口气吃掉了剩下的37支冰棒。

刚刚被大雨浇过的张广博,吃下37支冰棒之后,得了一场重感冒。他迷迷糊糊在床上躺了两个多月,才逐渐康复。

由于舍不得冰棒白白化掉,便一口气吃掉它,没想到引来一场大病,结果非但不能出去挣钱,反而花掉一大笔医药费。

这次惨痛的教训,使张广博深深地认识到,一件事在面临抉择之际,就要当机立断,必要的时候一定要做到忍痛割爱,这样才不至于因小失大。

所谓"舍得",懂得取舍的人才会有所得。在生活中,那种只是重复作业而没有价值提升的工作,那种左支右绌而没有丝毫发展前景的小店,都是不吃可惜、吃了却反受其害的"冰棒"。眼前的一点损失不可怕,可怕的是因之扰乱了自己的阵脚,白白浪费了时间与精力。

对于一个聪明的人来说,在遭遇生活的不幸时,不要只去想自己吃了多大的亏,损失了多少。你要想想更坏的情况,如果事情真的变得更坏,你会吃更大的亏,损失更多。这样,相比之下，你就会勇敢地做出放弃的决定。

小宁有个相恋5年的男友，他们一起经历了大学校园的温馨时光和毕业季找工作的忙乱，现在终于安定下来，到了谈婚论嫁的阶段。

有一天，小宁和闺蜜一起逛街，却意外地看到男友和一个陌生女孩挽着胳膊在逛商场。晚上，小宁要男友对此给一个解释，男友支支吾吾半天，终于承认自己另有所爱。小宁走上前去，狠狠地抽了他一记耳光，一对情侣就此分手。

小宁很难过，大哭一场后，依然正常上班，正常生活。闺蜜悄悄地问她："你没事吧？遇到这种事，你竟然像什么事情也没有发生过，是悲伤过度还是怎么了？简直搞不懂你。"

小宁微笑着说："你觉得我应该有什么样的表现，哭着闹着不吃不睡？"

闺蜜疑惑地说："这至少也是件非常让人难受的事情，你为他付出了5年的青春，一个晚上就忘得干干净净，什么也没有了？"

小宁说："是啊，当时我也不相信这是真的。但是回头转念一想，我就感到非常庆幸。现在我们还没有结婚，这样断了，我心里当然是不好受。但如果我极力去挽回他，然后两个人带着心病结婚,或者是我纠缠不休他却依然不回头,而我的感情和自尊都再一次被伤害,这又是何苦呢?"

闺蜜点了点头:"还真是这么回事,想想你还真是幸运的。还没有结婚,否则你可真是跳进火坑里了。"

小宁笑着说:"所以嘛,我为什么要悲痛欲绝,为什么要伤心难过呢?没有理由啊!5年的时光是很宝贵,但是付出的也已经付出了,伤心难过能再回到从前吗?既然无法挽回,我就不能再接着输得一败涂地丢失了自己。"

很多人觉得自己的日子真是太苦了,觉得命运开的玩笑确实太大了。但是,如果生活中什么事情都一帆风顺,那么生活是不是也就变得乏味了呢?人如果没有了希望,就不会去努力和奋斗。当你想明白这一点的时候,你就不会因为遭遇生活的疼痛而伤心和难过了。

失去与收获是相辅相成的两方面,它们都真实客观地存在着,你不要总是看到其中一方面,而忽视另一方面。得与失必定有其平衡点,你不要总因为失去而痛苦,你也会有成功与收获的时候。得与失需要你去感受和体会,如果你常感到失落,那是因为你的心胸狭窄所致;如果你常能体验获得的快乐,那是因为你的心态平和。

我们不妨把得失看得淡一些，也许我们的"失"正孕育着一次更大的"得"，我们现在的"得"也许会成为下一个更大的"失"。我们应该懂得"福兮祸之所伏，祸兮福之所倚"的辩证之理。不要因为一次失去，就仇恨一切。在工作中，我们在一方面失去了，也许会在另一个方面得到补偿。在很多时候，我们需要选择，需要放弃。在你认为得到的同时，其实在另一方面可能会有一些东西失去，而在失去的同时，也可能会有一些你想不到的收获。与其抱残守缺，不如舍去，或许会给别人带来幸福，同时也使自己心情舒畅。敢于放弃才是真"得"，才能权衡利弊推陈出新，才能求新求异求发展。

方向没选对，路走得再多也是徒劳

在走向成功的道路上，我们需要坚持不懈的精神、敢于冒险的勇气。不过，拥有这些精神和勇气的前提就是要让自己有一个准确的目标和正确的方向。只有选对了方向，我们的努力才会有价值，我们的付出才可能有收获。但是，如果选择了一个错误的方向，我们的坚持和勇气都将变得毫无意义，甚至还会让事情的结果朝着相反的方向发展。

有两个年轻人，他们受科幻小说的启发，一心想找到改变金属性质的方法。如果他们成功了，就等于拥有了现代化的"点石成金"的技术，前景无比诱人，他们仿佛看见各种铜、铝、锡、铅都变成亮闪闪的金子，不由得热血沸腾。他们觉得找到了自己事业的方向，于是开始夜以继日地研究。为了攻克难关，他们在几个月的时间里一直待在实验室里，连吃饭睡觉都匆匆忙忙。一次又一次的化学试验，都以失败告终。这时候其中一个年轻人突然醒悟到,这件事太荒唐了,无论如何努力都不会有结果。于是他就果断地放弃了,自己尝试着去做小生意。而另一个年轻人却认为,挫折和失败只是暂时的,只要坚持就一定能够获得成功,因此就没有听从朋友的劝告,继续他的实验研究。

几年后,那位转行的年轻人已经站稳脚跟,成为小有名气的企业家。而那位还在坚持研究的年轻人,不仅一贫如洗,而且神志都有些糊涂了。

选择了错误的方向、错误的路线,要比没有选择更加可怕。如果在选择方向上出现了问题,那么再怎么努力都是徒劳的。在这个时候,我们就应该放弃那些坚持不懈、敢于冒险之类的豪言壮语,选择退出。只有这样做,你才能够为下一次的成功保持精力和体力。如果你选择了一意孤行,那么等待你的必将是失败的悲剧。

人生有很多让人无可奈何的事,有时需要放弃一些无谓的坚持,如果固执地坚持下去,可能会带来毫无生机的局面,甚至将整个人生都赔进去。因此,不要把你的生命浪费在最终要化为虚无的东西上,放弃那些不适合自己的角色。适时地转换一下,放弃固执,去更好地追求属于自己努力能得到的东西,从而实现自己的人生价值。

世上有走不完的路，也有过不了的河。在过不了河的时候你有没有想过，掉个头，看看河的附近有没有别的桥。有时候，欣喜和意外，就出现在这一转头间。

事物总是不断发展变化的，如果一味地坚持自己的执着，不注意发现新情况，就免不了会吃大亏。所以我们必须面对现实，对于无法实现的人生理想，该放手的时候一定要放手，要学会适时地转弯，放弃无谓的执着。一个人要想在学习或事业上有所成就，就一定要有适应环境变化以及适应新环境的能力，否则，觉察不到新生事物，只是一味地坚持，最终会被环境逐渐淘汰。

执着地追求人生的目标，固然是一件好事，它是一种永不放弃的精神，更是一种不服输的精神，值得每个人去学习、去尊重。但是，我们为了成功筋疲力尽、伤痕累累，甚至头破血流却不肯放弃，直到岁月流逝，才蓦然发现现实的残酷不允许我们有太多奢望，所谓的执着也不过是碰壁之后一份愚蠢的坚持，是执着过了头，更是一种固执。我们有时没有意识到固执的存在，还把这种自以为是的固执当成一种执着。所以，不要让固执禁锢了你的脚步，与其把时间都浪费在无谓的固执上，不如多做些有意义的事情。

做好取舍，丢弃不重要的目标

人在一生当中，精力旺盛的时间是有限的，但是在追求目标的时候，多数人是不考虑时间的，只是在一味地追求新的目标，而不管它是否适合自己，只要看到新的东西、新的目标就要追求，于是非常盲目地把自己宝贵的时间浪费了。所以，我们在新的目标出现的时候，要去选择最适当的目标，然后痛快地做出决定，做好取舍，把不重要的目标丢弃，这样我们才会明确目标，从而全力以赴，才可能有所成就。

有哲人说过："首先到达终点的人往往不是跑得最快的人，而是那些集智慧和力量于一身的、会做出明智选择的人。"当所有的心血与汗水付诸东流，我们抱怨上天不公，我们一直在努力，可为什么成功的不是我们呢？这往往是因为我们所谓的追求，其实只是一种糊涂的执念。

如果你发现自己现在所从事的工作并不适合自己，那你就要赶紧调整前进的方向。不要担心来不及，如果你一直有这样的顾虑，那才会真正丧失大好的时机。当你发现自己真的走错了方向、用错了力气，就要重新审视自己、重新选择目标。

当竭尽全力拼搏之后仍旧不能如愿以偿时，应该想："何不转入另外一条发展道路呢？那样或许会获得成功。"敢于变通的人最终一定会走上适合自己的路，获得成功。

当遭遇难题时，不要一味地去撞墙，指望把墙撞倒，而要学会在合适的地方打开一扇门。人生如流水，我们既要尽力适应环境，也要努力改变环境，实现自我。我们应该多一点韧性，在必要的时候弯一弯、转一转。因为太坚硬容易折断，唯有那些不只是坚硬且更多一些柔韧和弹性的人，才能克服更多的困难，战胜更多的挫折。

你可以犯错,但是不能执迷不悟

你可能经常会产生疑问:"为什么我总是碌碌无为?"但你想过没有,你主宰自己的大脑了吗?你是否在生活中总是得过且过,从未深度思考过你每一次行动的缘由和意义是什么?

人应该是独立的,独立行走,使人类脱离了动物界而成为万物之灵。独立思考,使我们一天天超越昨日的我们,逐渐成熟和成长。我们总会犯错误,这是正常的,最怕的是执迷不悟、一错再错。人生中很多的挫折和失利,都是由于过度的固执造成的。所以,一味地固执只会导致更大的失利,果断放弃才是正确的选择。正所谓,天生我材必有用,东方不亮西方亮。人生的选择有时会偏离轨道,我们要学会及时校正,要敢于否定自己,敢于创造新生活,不要一条路走到黑。

从前有一个猎人,他的枪法很好,可他是一个很固执的人,尤其是爱立誓言,每次进山,都信誓旦旦地说这次一定要如何。

冬天到了，他听说市面上狐狸皮行情大涨，于是便立下誓言：这次进山只打狐狸。深山密林里，飞禽走兽众多，可是猎人对于射程内的山鸡野兔不屑一顾，就是碰到皮毛同样珍贵的貂鼠，他都不发一枪。

整整一天，猎人都没有发现狐狸的踪影，眼看着天色将晚，他只好扛着猎枪，垂头丧气地回到家里。整整一个冬季，这位猎人都按照自己的誓言进山打狐狸，他的收获当然是可想而知的。快到新年的时候，村里的其他猎手都忙着卖猎物、备年货，而他只能对着不多的几张狐狸皮发呆。

许多时候，目标与现实之间，往往具有一定的距离，我们必须学会随时调整。无论如何，人不应该为不切实际的誓言和愿望而活着。

其实，当你失败时，大可不必过于固执，你不一定非要做无谓的坚持，如果调整一下目标，更改一下思路，往往会柳暗花明，豁然开朗。当此路不通的时候，就是在提醒你：该转弯了。转过这个弯，人生的风景又不乏另一番景致。世上只有固执的人，而没有"已经来不及"的改变，应时顺势，什么时候都不晚。

人是需要学会转弯的，我们为理想努力，那是"尽人事"，当这种努力没有结果的时候，下一步就是"听天命"了。我们要在生活中学会勤于思考、善于变通，对于我们经过努力，发现自己没有能力完成的目标，就要放弃我们的执着，适时转弯，重新确立人生的目标，才能更好地前进，实现自己的人生价值。为此，你需要做到以下几点：

1.独立思考、独立行动

面对人生的困境，你要懂得，求人不如求己。总想着依靠他人帮助的人，总想有人能在危难时搀扶你一把的人，永远也无法完成任何伟大的事业。只有自主、自立的人，才能傲立于世。

2.凡事想透了，不要得过且过

如果你想有一番作为，就必须全面、正确地认识客观事物。通过由表及里、由此及彼、去粗取精的加工过程，抓住事物发展的规律，结合自身的条件，制订符合实际的目标，在实施中根据客观事物的发展变化修正理想和目标，使人生幸福之路永远长青。

3.有主见而不固执己见

我们要有主见，但不是孤家寡人，不是坚持错误，更不是不听别人的意见。恰好相反，坚持主见就是要虚心地听取接受正确的意见，有则改之，无则加勉。善于把个人主见讲给别人听，取得别人的认同支持和帮助。从实践中来再到实践中去，不断地升华个人的主见，使得个人主见不断地完善和发展。

  如果我们想获得大的成功，首先要有大的格局，而大格局来自开阔的眼界。如果一个人的想法总停留在某一个点上，就永远无法开拓自己的视野和思路。我们应该经常将眼光放远，产生一些新的想法。不要让时间或空间成为竞争的界限或者是障碍，必须超越时间做出对自我的要求，才能有机会拓展更大的发展格局，获得更大的生活上和事业上的成功。

走出僵化思维，积极创新

有人说，世界就如同一个棋盘，而人就像一个"卒"，冲过"楚河汉界"之后方可横冲直撞，实现自己的人生价值。每个人都被一个无形的界限约束着，限制着，有的人不敢突破界限，只是规规矩矩在界内生活、工作，最终也只是碌碌无为、度过平庸的一生。而有的人却敢于突破界限，摆脱那些繁文缛节的束缚，因而他们也欣赏到了不一样的风景，领略了不一样的精彩，活出了非同寻常的精彩人生。

要想拥有别样的人生，要想创新，就要冲破思维界限，继而发挥年轻人充沛的想象力和创新能力。因此，从现在起，不管是学习还是做事，我们都应该努力从僵化的思维方式中走出来，积极发挥创新的思想。如果一味恪守前人的经验，就会使自己的思维陷入僵硬的条条框框，从而在固定不变的思维方式中失去机遇，最终给生活与事业带来无法弥补的损失与影响。

著名科幻作家阿西莫夫从小就很聪明，在一次智商测试中，他的得分在160左右，被证明是天赋极高者。而阿西莫夫本人也一直为此自鸣得意。

一次，他遇到一位老熟人，这个人是一名汽车修理工。修理工对阿西莫夫说："嗨，博士！今天我也来测测你的智商，看你能不能回答出我的思考题。"

阿西莫夫点头同意。修理工便开始说题："有一位既聋又哑的人，来到五金商店，准备买一些钉子，不能说话的他只好打手势来表达自己的意思，他对售货员做了这样一个手势：左手两个指头立在柜台上，右手握成拳头做出敲击的样子。售货员见状，先给他拿来一把锤子，聋哑人摇摇头，指了指立着的那两根指头，于是售货员就明白了，聋哑人想买的是钉子。聋哑人买好钉子，刚走出商店，接着进来一位盲人。这位盲人想买一把剪刀，请问盲人将会怎样做？"

顺着修理工给自己的思路，阿西莫夫顺口答道："盲人肯定会这样。"边说着，他边伸出食指和中指，做出剪刀的形状。汽车修理工一听笑了："哈哈，你答错了！盲人想买剪刀，只需要开口说'我买剪刀'就行了，他干吗要做手势呀？"

高智商的阿西莫夫，顿时哑口无言，不得不承认自己确实是个"笨蛋"。而那位汽车修理工人却继续说："在考你之前，我就料定你肯定会答错，因为你受的教育太多了，不可能很聪明。"

这里，修理工所说的"你受的教育太多了，不可能很聪明"，并不是因为学的知识多了人反而变笨了，而是因为人的知识和经验多，会在头脑中形成思维定式。

固定的思维方式容易把人的思维引入歧途，也会给生活与事业带来消极影响。要改变这种思维定式，就需要随着形势的发展不断调整、改变自己的行动。任何一个有创造成就的人，都是战胜常规思维的高手。

的确，现阶段的你的确应该要积累知识，但不要被这些既定的知识限制自己的思维，要敢于想象，敢于尝试。吉尼斯世界纪录激励人们勇于超越思维的界限，他的创建者懂得突破"界"后的乐趣与精彩，也便有了身体上、思想上界限的不断突破。那么，正在努力的我们，为什么不发挥这种精神呢？

第06章
永远不要气馁,要相信永远会有其他选择

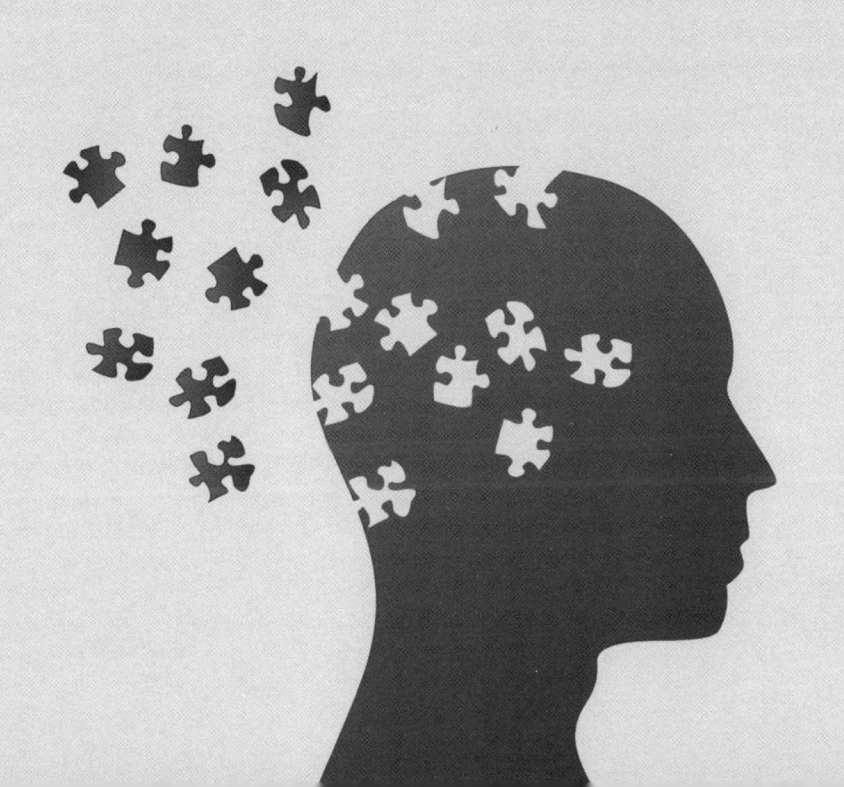

你是否在重复一种因循守旧的生活模式

从本质而言，人具有独立性和依赖性的双重个性，如果让依赖性占了主导地位，就容易重复一种因循守旧的生活模式：只看同一类的杂志或电影；从不改变自己的服装样式；拒绝听取不同的意见；总是躲在同一群朋友中间；见到陌生人就手足无措；勉强维持不美满的婚姻；死死守住自己牢骚满腹的工作。他们不是没有改变的能力，而是没有改变的意识。

生活中美好的事物历来只和敢于正视现实、迎接挑战、战胜危机的人结伴同行。如果一个人不想荒废自己的一生，那么就应该有所作为、有所突破，在征服困难的同时证明自己。

我国伟大的地理学家徐霞客，就是一位敢于拓荒的勇者。徐霞客的一生，大部分是在旅途中度过的，他先后游历了大半个中国，足迹遍布华东、华北、西南16个省。徐霞客富有探索精神，他"闻奇必探，见险必截"，历经了无数艰难险阻。他在游嵩山时，向当地人打听下山的道路，人家告诉他，下山的路有两条：一条是平坦的大路，另一条是险峻的小道。他毫不犹豫地选择了后者，在少有人行的地方领略了雄奇瑰丽的景色。他事后感慨地说："人家说嵩山没有什么可游的，正是没有看到险峻的地方。"徐霞客的收获，就是在攀登中获得乐趣，在探索中寻觅真知。他撰写的《徐霞客游记》是世界上第一部系统研究岩溶地貌的科学著作，人们评价这部游记是"世间真文字、大文字、奇文字"。

沿着千万人走过的路行走，永远不会留下自己的脚印。只有行走在无人涉足的艰难境地，生命才会留下深深的印痕。要想以最快的时间达成自己的愿望，就需要一种独辟蹊径的精神。如果只是踩着前人制订好的路线，跟在别人背后，慢慢地前行，是绝不可能闯出一片属于自己的天地的。

生活中，总有些人多年来只是踱步在传统而保守的道路上，尽管他们年轻时都有着远大的理想和抱负，却因为因循守旧而与众多机会失之交臂，最终，平平凡凡，一事无成。世上的路并不是走的人越多就越平坦、越顺利，沿着别人的脚印走，不仅走不出新意，而且随时有被淘汰出局的可能。

刘晓是做建材行业的，他和他的上司冯总是多年的上下级。当年冯总担任部门经理时，刘晓就是他的得力助手，现在冯总成了公司的副总，刘晓也已经成为部门经理。

冯总是学者型商人，既有很好的经济头脑，又拥有多项技术专利，刘晓一向很钦佩他，他对刘晓也是大力提携。刘晓的工作能力很不错，执行力更是不打折扣，冯总交给他的任务，他也一直做得很好。

有一次冯总到国外出差，刘晓这里却出了一点小小的意外。有一家和他们公司长期合作的建筑企业，对他们的一种新型涂料很感兴趣，但在价格上却要求再降5个百分点。刘晓很高兴接到生意，但对于价格问题却不敢擅自做主。虽然冯总走的时候也交代过，一般的小问题刘晓可以根据实际状况自己做决定，但刘晓还是想先请示冯总后再做决定。一时间冯总又联系不上，对方的业务员表示工期不等人，如果这边定不下来就找别的公司谈了。这笔生意就这样黄了。

过了几天冯总回国，刘晓向冯总汇报了这件事，冯总听完后摇了摇头，教导他说："我们这种涂料是新研制出来的，现在正是推广期，对方在业内是很有影响力的企业，它们有意向那是好事啊，市场能打开的话，价格问题是好谈的。这个判断力你应该有的吧，你这个经理完全可以不请示我，自己拍板。"

看着刘晓还是有些想不通的样子,冯总又说:"我们做企业,有些事情是没有定规的,只能'摸着石头过河'。就目前来说,在公司里你是好职员,做事兢兢业业、不打折扣,可你是否想过,有一天让你带队的时候,后面的人都等着你引路,你又能依靠谁来指明方向呢?"

刘晓听了一惊,是啊,自己在工作上一直靠冯总引领,这些年习惯成自然,从来没有意识到里面的问题,要想独当一面,还差着火候啊!

勤勤恳恳、埋头苦干的敬业精神很值得提倡,但必须注意效率,注意工作方法。有很多人表面上工作认真、兢兢业业,但忙忙碌碌一辈子也没干出多少成绩,这和他缺乏必要的开拓精神和创新精神有直接的关系。从这个意义上说,创新不仅仅代表着一个新方法或一种新产品,人是创新的根源,也就是说先培养创新的个性,然后才有创新的成果。

有人形象地将商场比作战场,商业活动就是商战。既是战场,那么形势肯定瞬息万变,谁也不能准确地预测下一步将要发生什么。所以,最终的胜利,应该属于那些善于摆脱依赖性,努力实现自己独立性的人。

走出思路的死胡同，就能打开思路

我们常常会听人说："这件事真是左右为难啊！怎么做怎么错！"的确，在生活中，我们每个人都遇到过无法选择的两难之境。这种情况下，我们应该如何去解这些看似无解的方程呢？

可以设想下面这样一种场景：

在一个风雨交加的夜晚，你开车经过一个公交车站。站牌下有三个人正在焦急地等公共汽车。一个是突发急病的老人，他需要马上去医院；另一个是医生，他曾全力救治过你的母亲，你一直想报答他；还有一个女子，她是你的梦中情人，也许错过就再也找不到了。但你的车只能再坐下一个人，你会如何选择？

出于道义，你应该救助那位老人；为了自己的良心，你要回报那位医生；遵从你的自然欲望，你要和那位女子相会，错过这个机会，你可能永远都不会遇到一个让你这么心动的人。

无论怎样选择，都会留下另外的遗憾。那么，这种难题如何才能解呢？最佳答案是这样的："给医生车钥匙，让他带着老人去医院，而自己则留下来陪梦中情人一起等公交车！"

这无疑是最合理、最能兼顾各方面关系的方案。这个方案走出了"我究竟要带走谁"的死胡同，直接根据实际情况解决实际问题。有时候，如果我们能放弃固执、狭隘和优势的话，我们的思路就真正打开了。

一家大公司准备招聘一名高级管理人员，最后有三个人经过层层筛选进入面试环节，由公司的董事长亲自把关决定他们的去留。

董事长的题目是这样的：当国家的利益与本公司的利益发生矛盾时，你会怎么处理？

第一名考生说："我将全力维护国家的利益。"董事长表扬了他的爱国精神，但随即表示："我们招聘的是公司高层管理人员，如果他不能维护公司的利益，就是没有尽到自己的职责，我们不会要他。"

第二名考生回答说："我将全力维护公司的利益。"董事长面容变得严肃起来，责问他道："任何时候，国家利益为先。没有国家利益，公司的利益又依附在哪里？不懂得这个道理的人我们不能接收。"

面试的考场上只剩下第三名考生,他想了一下,淡定地答道:"如果留我在公司任职,我会努力使公司的利益与国家的利益相一致,尽量避免这类问题的发生。"董事长点头称是,第三名考生过了这严峻的一关。

对于这个故事,你可能会对这位董事长招人的方式产生疑问:说得到不等于做得到。第三位考生反应敏捷,给出了完美答案,但是他能否真正把国家利益与公司利益统一还是个未知数。只凭一句话就决定了人才的去留,是否有些草率?

但是这类试题的关键不是究竟能做到哪一步,而是一个人的思维方式的问题。在商界打滚的人,总要面对各种错综复杂的形势,非此即彼的判断方式,常会碰到一种哪面都不通的两难之境,这时候,能独立思考、另辟蹊径的人的优势就会体现出来。我们姑且不论第三位考生的实际工作水平如何,他能从"这边"或"那边"的圈子里绕出来,从源头上去清理问题,本身就是一种能力的体现。我们在校园里做习题的时候,卷面上的选择也无非就是A、B、C、D,等真正要到社会上打拼时,还是应该围绕最大化的利益和最高限度的发展来考虑问题。

千军万马过独木桥,常常会挤得人仰马翻。其实做人也好做生意也罢,要以和为贵。如果都去挤那座狭窄的独木桥,太拥挤的结果就是有人从桥上掉下去,有可能从此站不起来。竞争的结果只能是两败俱伤,谁也不可能赚到更多的钱。

条条大路通罗马,当我们面对难以解开的局面时,要学会突破定式、打破常规的思考方式,在生活的其他方面,也可以出其不意、独辟蹊径地解决问题。

让积极的思维引导你，成为你生活的支柱

许多人遇到问题的时候，往往会舍本逐末，围着问题绕圈子。看待其他事物姑且如此，对于切身的问题，更是"灯下黑"，没有一声当头棒喝，永远不会惊醒。

有一个乞丐，一直在一条街上乞讨为生。天上有位神灵看不下去了，他化为凡人下来点化这个乞丐。

乞丐正在向路人鞠躬乞讨，寒冷的北风里，他冻得瑟瑟发抖。神灵长叹一声，走到他面前说："我如果给你1000元，你怎么花它？"

乞丐说："那太好了，我可以买个手机。"

神灵不解，问他为什么先买手机，乞丐回答说："有手机我可以用它和这个城市的各个地区联系，看哪里人多，我就去哪里乞讨啊！"

神灵恨铁不成钢，又问："假如我给你10万元呢？"

乞丐说:"那我可以买部车了,这样以后我就可以开车出去乞讨了,想去哪里就去哪里!"

神灵十分无奈,他说:"那我给你一个亿,你来给我花了它!"

乞丐听了眼睛说:"那太好了,我可以把这个城市最豪华的地段买下来……"

终于见效了,神灵很欣慰,这时乞丐又说:"到那时我把我领地的乞丐全撵走,不让他们抢我的饭碗。"

神灵听完,长叹一声,黯然离去。

乞丐之所以一直在乞讨,因为他的思维就是乞丐的思维,除了如何把"乞讨大业"做大做强,他的头脑里容不下其他的概念。他的短视,客观原因是现实社会的消磨。一个人的成长总不能一帆风顺,对于生命中一些大的挫折,也许我们还可以咬咬牙扛过去。怎奈在漫长的日子里,平淡而充满各式各样烦恼的生活年复一年地考验着我们,很多人先是感觉有劲儿使不上,然后就逐渐放弃努力,毫无目标地混下去。唯有真正的强者,才能超越环境,让强者恒强的宣言掷地有声。

思维决定格局,如果你早早地就接受了现实,告别梦想,你的生活也就注定不会有太大的改变。生活中,不少人充满理想,但一旦把自己的理想和现实联系起来,就认为不可能,而这种"不可能"一旦驻扎在心头,就无时无刻不在侵蚀着我们的意志和理想,许多本来能被我们把握的机遇也便在这"不可能"中悄然逝去。其实,这些"不可能"大多是人们的一种想象,只要你能拿出勇气主动出击,那些"不可能"就会变成"可能"。

也许你会产生疑问,为何你是这样的,而不是那样的?也许你对现状不满意,但其实这都是思维和意识决定的,如果你想改变,就要挖掘出藏在潜意识背后的自己的能量"金矿"。从我们来到这个世界开始,我们就在不断地接受外界传达给我们的信息,无论是好的还是坏的,我们都从那里接受熏陶,从学校接受教育,逐渐地,我们有了自己的价值观、想法、观念,或者才华、技术等,而能让我们成长和成才的资源也在其中。所以,我们可以说,如果我们想让自己变得更强大,希望获得成就的话,就要让积极的思维主导你,成为你生活的支柱。

太在意别人的评价，只会让你无所适从

大多数人都有这样的经历：上学的时候，父母总是指着隔壁的孩子说："瞧瞧人家，成绩多优秀，你得向他看齐。"大学毕业了，父母长辈都说："还是当个老师，或者考考公务员，这才是铁饭碗。"工作的时候，上司总是告诉你这样不对，那样不对。批评和指责接受得多了，一方面让我们对批评麻木；另一方面又会不由得产生这样的疑问：为什么我东也不对，西也不对，究竟怎样才能让人都满意呢？

我们似乎总想着让所有的人都满意，而从来没有让自己满意过。事实上，我们要懂得这样一个道理：你不需要讨好所有的人，只有自己喜欢才是最重要的。

在一堂心理辅导课上，老师带领同学们做了一项实验。他让大家合力写一首歌，歌的内容是关于亲情和爱情的。经过几番修改，歌词定稿了。老师把歌词打印了两份，先把其中

一份贴在通往图书馆的宣传栏上，旁边放了一盒各种颜色的水笔。两位女同学站在这里推广这首歌，邀请过往的同学从歌词中找出自己喜欢的句子，然后选一支水笔标出来。几十位同学参加了这项实验后，印着歌词的纸已经被标得五颜六色，差不多每一句歌词，都有它的欣赏者。然后实验者换了一份歌词，请后来到这里的同学挑选自己不喜欢的、认为不够水准的歌词标注出来，结果差不多每一句歌词也都被标了出来，"没新意""不上口""写得太假"，批评的声音也五花八门。

心理老师把两份歌词都收回来，给同学们总结说："人世间有一个奥秘，那就是我们做任何事情，都可能有批评的声音，同时，每一个付出了努力的人，在暗中都有其欣赏者。所以，我们做事情不要奢求所有人都满意，只要有一部分人满意便是成功。"

不管什么事情，并不是所有的人都会认同你。每个人的喜好不同、观念不同，也许有的人认为好，其他的人并不这样认为。而且，即使大家都认为很好的事，还是会有人认为不好。这种情况是无法避免的。因此，你只要做好自己认为对的事情就可以了，太在意别人的评价，只会让你陷入无所适从的死胡同。

小夏是一家西点店新来的营业员,她做什么都小心翼翼的,既怕稍不留意得罪了客人,又怕手脚太慢被店长责备。

有一天,她在摆放蛋糕的时候,不小心手抖了一下,一个小蛋糕摔在了地上,小夏又急又窘,眼泪都快流下来了。店长急忙安慰:"没事,没事,一会儿让师傅重新做一个。"可小夏心里就像压了一块石头,总在担忧这件事:店长会不会因为这件事辞退我,我怎么这样笨呢,其他人工作总是做得那么好,可我……她越想越泄气,整天忧心忡忡,工作接连出了很多纰漏。店长疑惑了,小夏这是怎么了?

在店长的再三开导下,小夏才道出自己的心结,店长听了哑然失笑:"这都是一些小事情,值得为这样的事情担心吗?工作中犯了一点小错,没有人会在意的,因为大家都在关注自己工作的事情,没有人会关注你,当初我当实习生的时候,犯下的错误更多,但我从来不担心,因为犯错了才能更好地改正错误,不是吗?"听了店长的话,小夏豁然开朗,也许自己并不像想象得那么糟糕,别人也不会总盯着自己的过失不放,定下心来,好好工作就是了。

因为太在意别人的看法,我们无休止地与自己较劲,这样整日忧心的日子有什么快乐可言呢?如果我们太过在意别人的眼光，在这个过程中不自觉地把自己当成焦点，只会让自己身心疲惫。因此，学会做自己喜欢的事情，享受自己生活的世界就足够了。我们并不可能让每一个人都满意，他的脸色不好，也许只是因为他太疲倦，也许因为他受其他问题影响而并不是有意冲你而来，也许虽然做给你看，但全是误会。为什么要拿这些也许根本无解的问题难为自己呢？当你过分关心"别人的想法"时，太小心翼翼地想取悦别人时，你对于假想中别人的不满意过分敏感时，你就会有过度的否定反馈、压抑以及不良的表现。最重要的是，看看自己能够做些什么有意义的事情。在众人的误解面前不妥协，敢于坚持沿着既定方向前进的人，才能真正享受成功、幸福的人生。

打开思路,放眼未来

大家在品尝鲜美的螃蟹时,一定非常感谢第一个吃螃蟹的人,因为正是有了第一个吃螃蟹的人敢为天下先的精神,如今人们的餐桌上才多了一道珍馐美味。不仅对于吃我们要怀着积极探索和尝试的精神,在思想上,我们更要打开思路,放眼未来,千万不要让自己的人生遭遇禁锢。

从人的本性来说,对未知感到恐惧是一种本能的反应,因而他们总是害怕未知,不愿意尝试和冒险。殊不知,人类的历史进程之所以不断推进,就是因为总有一些先驱者能够不断挑战,他们敢于突破自我,也敢于作为人类的先驱和表率,更对失败无所畏惧,因而才能最终博得人生的不断创新。倘若每个人都明哲保身,不愿意冒险尝试,那么人类整个的发展进程都会滞缓。尤其是在人们的退缩中,虽然避免了失败,但是也失去了成功的机会,由此导致人生止步不前。让人感到欣慰的是,不管人群里有多少胆小怯懦的人,还有很多人依然冒险前进,甚至不惜牺牲自我,也要勇于尝试,勇敢创新。伟大的科学家们敢于推翻前人的定论,探索世界的真理,这些人物之所以能够青史留名,就是因为他们敢于当第一个吃螃蟹的人。

大自然是充满神奇的,尽管时代发展到今天,人类文明进步极大,但人类在大自然面前依然非常渺小,不足为道。尽管人类的足迹已经遍布全世界的每个角落,但是对于生命的探索依然永无止境。总而言之,我们必须勇敢地扛起前进的旗帜,吹响前进的号角,才能更加充满自信地探索未知领域,成为一切发展和进步的先驱力量。有些人或许会说,那些能够青史留名的人类先驱,无一不是天赋异禀、智慧和能力都超出常人的人,其实他们也并非真的与众不同,只不过他们敢于冒险,敢于争先,从来不畏惧当第一个吃螃蟹的人。朋友们,假如你也想要为自己的人生赢得与众不同的光彩,那么你就必须培养自己敢于突破的精神,这样的你才会拥有特立独行的人生。

1943年,美国的约翰逊创办了《黑人文摘》杂志,经营艰难,很多人都不看好它的发展前景,甚至断言这个杂志很快就会山穷水尽。为了改善经营困境,约翰逊苦思冥想,终于想出了一个好办法。他在全社会发出征集令,号召大家撰写以"假如我是黑人"为题的文章,踊跃投稿。当然,要想把这篇文章写好，就必须把自己假想成黑人，才能站在黑人的角度考虑问题，体谅黑人的处境，从而深入探讨引发整个社会关注的种族问题。遗憾的是，征集令发出后，人们反响并不热烈，还有很多人对此产生了抵触情绪。这时，约翰逊想，如果能够请当时的国母——罗斯福总统的夫人埃莉诺作为民众的表率，率先写出这样的文章，一定能够号召广大民众热烈响应。这样一来，对于黑人问题是有很大好处的，而且能够极大增加杂志的发行量。为此，约翰逊当即提笔给总统夫人写了一封信，恳求她能够在百忙之中抽出时间来写这样一篇文章。然而，罗斯福夫人以忙为理由拒绝了约翰逊，不过约翰逊毫不气馁，此后他坚持每隔半个月就给总统夫人写一封言辞恳切的信。

最终，当得知总统夫人因为处理公务将会来到芝加哥逗留两天时，同在芝加哥的约翰逊马上抓住这个机会，给总统夫人发了一封电报，请求她抽出宝贵的时间拯救《黑人文摘》于水深火热之中。最终，约翰逊的真诚让总统夫人备受感动，这一次她很快答应了约翰逊的请求，并且写好了文章。这个消息简直让美国举国震惊，短短的一个月时间里，《黑人文摘》因为得到总统夫人的垂爱，原本只有两万份的发行量居然激增至十五万份，《黑人文摘》从此为人知晓，而且有了极大的影响力。

约翰逊作为一份杂志的创办人，居然让总统夫人给他们投稿，这听起来简直就像天方夜谭，也让人难以置信。然而，约翰逊就这么做了，毕竟如果不尝试的话，他根本不知道是否能够成功。在遭到总统夫人的拒绝之后，他也没有退缩，反而坚持每隔半个月就给总统夫人去信，也许是他的诚心感动了总统夫人，使他最终如愿以偿，得到了总统夫人的支持，也使《黑人文摘》最终起死回生，销量暴增。

置身于这个飞速发展的时代，我们每个人都要挣脱身上的桎梏，从而才能彻底释放自己的心灵，让自己充分发挥创新的能力。当然，也许彻底改变在短时间内无法实现，但我们可以先从最简单的改变开始。首先，在改变伊始，可以多多尝试新鲜事物，感受新鲜事物给我们带来的美妙感受。其次，我们还可以尽量结识更多的朋友，借助于他们给我们带来全新的生活体验，从而开阔眼界，积累丰富的生活经验和知识。当然，在进行完这些热身运动之后，接下来就是要彻底改变观念，从最简单的冒险开始循序渐进，最终让自己变得积极乐观，勇敢无畏，从而树立"敢为天下先"的理念，成为乐于并且善于第一个吃螃蟹的人。唯有如此，我们才能让自己的人生不再平庸，最终绽放出耀眼的光芒！

第07章
破局不能畏首畏尾，要有立即去做的决断力

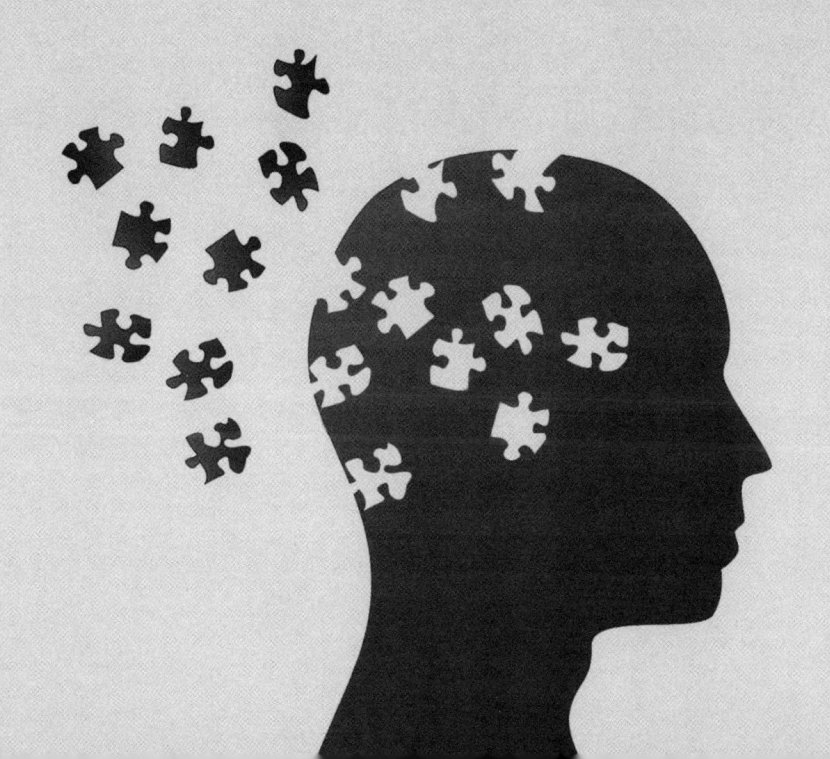

"三思"可以，但不能瞻前顾后、畏首畏尾

有个成语叫"三思而后行"，它提示我们做事要谨慎，考虑成熟了再去做。做事情当然要想清楚，思考和决断都是成事的必要条件，但是有决断无思考是莽撞，有思考无决断是犹疑。"三思而后行"的出处是《论语·公治长》，原文是这样的："季文子三思而后行。子闻之，曰：'再，斯可矣。'"这是说季文子每做一件事都要考虑多次。孔子听到了，说："考虑两次，也就可以了。"

凡事三思，一般总是利多弊少，为什么孔子听说以后，并不同意季文子的这种做法呢？因为一个人如果做事过于谨慎，顾虑太多，就会产生各种弊病。有些人天性柔弱，遇事犹豫不定，这一点尤其应当注意。我们面对一件事情的时候，是否有足够的决心，会导致不同的结果。

当我们遇到问题的时候，通常并不是对问题本身不能理解，而是我们往往被细枝末节的问题困扰，我们太容易被周围

人的闲言碎语动摇，太容易瞻前顾后、患得患失，以至于给外来的力量可以左右我们的机会，谁都可以在我们摇晃不定的天平上放下一个筹码，随时都有人可以使我们变卦，结果别人都是对的，自己却没有了主意。

在日常生活中，遇事三思、再思或只思不动者大有人在，由于胆怯、畏惧，结果给自己的工作和生活带来了很大的影响。他们总是担心这个担心那个，所以经常会表现出犹豫不决的态度。由于顾虑的东西实在太多，行动起来就会瞻前顾后、畏首畏尾，最后往往会以失败而告终。这时候，他们又会沉浸在自责、悔恨的负面情绪里。

面对相对重大的事件时产生忧虑，是因为我们还没有明确定位自己。在复杂的问题上产生忧虑，是因为我们还不知道该如何入手解决。这就像害怕自己患上什么病，却不敢去看医生一样。从心理学的角度上讲，对自己能力的不自信是导致犹豫不定的一个重要原因，例如那些曾经遭遇过重大挫败，对自己不够自信的人，容易产生逃避心理，不断地推迟完成任务。事实上，对于每一个人来说，命运都是公平的，每个人都有自己的价值，这是容不得怀疑的，我们所需要的做就是欣赏自己，认清自己的价值。逃避和犹豫，带给我们的只是失落、沮丧、烦恼、生气，更为关键的是，这会让我们变得不自信，开始怀疑自己的能力，甚至变得自暴自弃。

如果一个人一直这样反复无常、犹豫不决，挫败感就会积累到极限，最终精神崩溃。要改变这一切，我们可以从改变思维方式开始。

1.抓大放小掌握重点

犹豫一般并非智力上的问题，所以对于大多数尝试改变自己犹豫性格的人而言，可以不用担心。遇事犹豫不决的人的问题在于：顾虑太多，习惯将微不足道的因素当成重要事情来考虑。面对这样的情形，应该优先考虑重点问题。

2.不要含糊不明

有很多人对于别人的询问，习惯性地回答"随便"。这种做法表面上很随和，实际上会让对方为难。对于一些生活上的现实问题，例如到哪里去玩、吃什么东西、看什么电影等，你不应该说"随便"这种很不负责任的话，而要清晰明确地表达自己的意见。不要花了10分钟的时间还没有做出决定，闭上眼睛马上决定，即便做出的选择不是最佳的，也总比你浪费时间犹豫不决更好。

3.善于做决定

小失误永远比拖泥带水好，在大多数情况下，犹豫不决没有任何好处，尽早做决定的人总比优柔寡断的人理解得更透彻。在平时生活中,我们可以利用一些小事培养自己快速做决定的习惯,做完决定马上行动,不要像以前那样没完没了地思考。只要第一件事情你积极面对了,当第二件事情出现时,你就可以下意识地选择积极的处理方法。

总而言之,把培养决断力当作一种游戏,反复练习,假如你一直坚持,就会发现收获良多,然后继续自信满满地做下去。最后,你会摆脱心灵上拖沓、犹豫不决的缺点,获得积极生活的态度。

斩断退路，你才会集中精力奋勇向前

做事情最忌瞻前顾后，只有不留退路，才更容易找到出路。反之，如果你总是想着退路，就很难获得成功。一个人若是太纵容自己的懒惰和欲望，就很容易迷失方向。或许，有人会说，不留退路是不明智的选择，有了退路，才能在危险的浪潮中获得更多生存的机会。然而，人们很容易忽视，对于大多数人而言，退路往往是诱惑人、蒙蔽人的因子，只要想到退路，就会觉得这次不全力以赴还会有下次机会，而在这个时候，成功往往与我们失之交臂。

有一只品种优良的猎狗，它反应敏捷，奔跑速度极快，是主人打猎的好帮手。

有一次，主人又带着这只猎狗去狩猎，远远地发现一只狐狸。主人抄起猎枪开了一枪，但是没有命中猎物。于是主人一声令下，猎狗开始了自己最拿手的追捕工作。狐狸瘦小灵活，它熟悉森林里的地形，引着猎狗越跑越远。

刚开始时，猎狗精神十足，眼看着就要捕到猎物了，但随着追捕路程的增长，它慢慢地有些懈怠。这时候天色已晚，鸟儿们纷纷归巢，主人的吆喝声一点儿也听不到了，猎狗一边跑一边想：唉！我追得这么累干嘛！追不到狐狸，我就回去好了。念头刚刚闪现在脑海里，它的速度已经慢了下来，这时狐狸又跑远了。最后，狐狸终于逃脱了猎狗的追捕。

在这场追捕之中，猎狗的失利是必然的，因为它随时都有放弃的念头。而对狐狸而言这却是一场生死竞跑，跑慢了就会没命，所以它不敢偷懒，只有不断向前跑，才有活命的可能。做任何事情都是一样的道理，当我们全力以赴、破釜沉舟，就一定能成功。假如我们心中先有预想，万一失败了，自己也有退路，那么成功就比较困难。

惰性是人类天然的弱点，尤其是处于一个稳定的环境中时，很容易就满足于眼前的一切。就像那些在洞口伸出大半个脑袋的小老鼠那样，也想试探着往外冲，只是一有风吹草动，马上又缩回洞里。这种心态是一些人失去进取之心的根源，出路还没打探明白的时候，就先开始筹划退路，这势必会影响他们开拓新生活的冲劲，进三步退两步，很难有根本性的改变。

当一个人面临后无退路的境地，他才会集中精力奋勇向前，从生活中争取到属于自己的位置。给自己一片没有退路的悬崖，从某种意义上说，是给自己一个向生命高地冲锋的机会。

生活有时候就像是一场马拉松比赛，如果你咬牙坚持下去，就会发现自己的力量远比想象中要大得多。让人们主动放弃的原因，一般是从来没人规定如果跑不到终点，你将会受到怎样的责罚。挑战极限的结果是面红心跳、气喘吁吁，而一停下来，马上就可以得到放松和休息，这种诱惑，往往使放弃的人比坚持下来的人更多。

有些事情，我们总是主观地认为自己做不到。在困难与挫折面前，首先想到的不是破釜沉舟地一试，而是总在考虑我如何才能体面地、不伤筋动骨地撤下来。要想最大限度地发挥自己的能力，就应该把自己放在能够焕发斗志的环境中。做任何事情都要勇往直前，而不是畏首畏尾。如果你总是留着后路，迟迟不肯做出行动，那我们迟早跨不出成功的那一步。在面对自己梦想的时候，总是全力以赴，竭尽全力，从来不会畏首畏尾，也不会犹豫不决，最终才能真正赢得属于自己的成功。

思维也需要做到与时俱进

生活中，失败平庸者居多，除了心态问题外，还有思维方式的问题。他们在面临一项新的挑战时，不是想着如何去战胜困难，而是开始担心这样那样的问题。例如，一个只能做一点简单工作获得微薄收入的人，让他去做点小生意，他首先会产生一连串的担心：赔了怎么办？店面不合乎要求被相关部门罚款怎么办？与合伙人闹翻了怎么办？甚至钱多了不安全怎么办？顺着这种思路想下去，那么干什么都不如原地待着不动安全，虽然穷一点、苦一点，但总算不必承受那些额外的负担。

我们的思维也需要做到与时俱进。有时候，可能你觉得自己已经进入死胡同，但事实上，这只是你没有找到出路而已。而改变事物的现状就要运用思维的力量，思路一变方法来，想不通就没办法，想通了又非常简单，人的思维就是这样奇妙。那些走在路上都怕树叶砸了脑袋的人，不妨发扬一下打破砂锅问到底的精神，看看那些臆想中的灾难是不是能真的把人给

第07章 破局不能畏首畏尾，要有立即去做的决断力

吞没。

王宁是一家企业的会计，收入虽然不多，但是工作还算稳定，随着自己小家庭的建立，他越来越意识到家庭经济压力的严重性。他和妻子商议，当年同系的师哥成立了会计师事务所，正邀请自己加盟，不如趁现在年轻出去打拼一下。妻子开始并不同意，她担心将来事务所经营不好，现有的稳定工作也丢了，到时候后悔都来不及。王宁耐心地做妻子的思想工作，他说："我希望开始我自己的事业，不趁年轻时打拼一下，以后我们老了，想做什么也有心无力，那时候只会更加后悔。你先别太担心如何面对失败，我们可以这样想，我辞职出去做事务所，可能发生的最坏的事情是什么呢？我可能失败，事务所解散。如果事务所解散，可能发生的最坏的事情是什么呢？我必须去做任何我能得到的工作。那样可能发生的最坏的事情是什么呢？也不过是绕了一圈，又回到与原来相似的岗位上。然后我可能还会辞职创业。于是，我会再找一条路子去经营我自己的事业。然后呢？也许第二次或第三次，我将获得成功，因为我逐渐学会了如何避免失败。"

有时候，我们怕的不是既定的事实，而是那些落不到实地

的推测。面对那些未知的抉择，我们患得患失，常常会因为无法预料而感到恐惧，会不自觉地、先入为主地用消极悲观的心态去面对未来的一切。在这种情况下，我们应该努力学会调整思路、调整心态。

很多时候，人们不是被困难和挫折打败了，而是放弃了心中的信念和希望。对于有志气的人来说，不论面对怎样的困境、多大的挑战，他都不会放弃最后的努力。因为成功与不成功之间的距离，并不是一道巨大的鸿沟，它们之间的差别只在于你的思维和选择。

1.打破现有的安逸假象

一个人不愿改变自己，往往是舍不得放弃目前的安逸状况。而当你发觉不改变已经不行的时候，你已经失去很多宝贵的机会。

因此，即使你现在每天衣来伸手饭来张口，但你必须明白，未来社会，你必须面对更激烈的社会竞争的洗礼，你必须有随时改变自己、更新自己的意识。

2.用知识武装自己，开阔眼界

眼光是否敏锐，观察与思考是否缜密等，是衡量一个人综合素质的重要标尺。而基本素质的高低，取决于对知识掌握的多少，取决于思想理论水平的高低。常言道，学然后知不足。

勤于学习的人，越学越能发现自己的不足，于是常常想方设法充实自己、提高自己，学到更多的东西，视野随之越来越开阔，从而跟上前进的步伐。

3.跳出问题之外看问题

任何人想要解决问题，必须在他的思想中超越问题。这样，问题就不会显得如此令人畏惧。而且他会产生更大的信心，深信自己有能力去解决它。

在你进行尝试时，你要抛掉所有"不可能"的念头，从心理上超越它，只有这样，你才能站在高高的位置上，低头俯视你的问题。

任何成功都源于改变自己，你只有不断地剥落自己身上守旧的缺点，才能做到敢为人先，才能抓住第一个机会，才能实现自己的进步、完善、成长和成熟。

拯救自己的懒散和懈怠,第一步就是加强责任心

在现实生活中,很多人天生懒散,遇事喜欢逃避,即便内心有宏大的目标,也缺乏执行的勇气。懒惰的人通常怯懦、缺乏想象力、无责任心;不知道生活的目的,不能主动地思考问题;没有时间观念,事情总是想着明天做;明明没做什么事情却总是觉得身心疲惫,打不起精神。

懒惰不仅仅是身体和精神的问题,更是思想认识的问题。把一个人从这种懒散懈怠的状态中拯救出来,最重要的一点就是责任心的加强。

老张和老王是两个木工师傅,有一次,他们在一起工作时,老张把一枚钉子递给老王。可是就在两人交接的时候,钉子掉到了地上。地上散落着一些下脚料,要找一枚钉子并不容易。

在这个时候,他们应该怎么办呢?我们可以设想一下,可

能会出现下面两种情况。

第一种情况,老张和老王开始吵架,老王指责老张没拿稳钉子,老张则怪老王手滑了才使钉子掉到地上。他们一直在争论这是谁的责任,压根忘了争吵的初衷是什么。

第二种情况,老张和老王都表示应该先找到钉子才是正事,他们为了尽快找到钉子,分头行动,一个从这边开始找,另一个从那边开始找。

第二种情况无疑才是正确的态度,在现实生活中,我们经常会听到这样或那样的借口。当人们做不好一件事情,或者完不成一项任务时,就会有很多借口,在借口的遮挡下,他们很容易学会抱怨、推诿、迁怒,甚至愤世嫉俗。其实,最终他们都会发现,借口就是一个敷衍别人、原谅自己的"挡箭牌"。寻找借口,无疑是掩盖了自己的弱点,推卸了自己的责任。即使有什么问题没有解决,也别费尽心思地去找各种借口为自己辩白,而是应该将所有的情绪都放下,先解决问题,只有解决问题才是最关键的。

这种精神在现代职场,也具有极其重要的意义。聪明的人总是不会在上司吩咐任务的时候产生畏难情绪,他们永远会把那些艰巨的任务应承下来,然后再去想做事情的办法。如果你一开始就拒绝了，那么你就永远没有机会获得成功。有些任务虽然充满了挑战性，但却是可以做到的。在这个优秀者有更多选择机会的社会里，我们要学会用自己的能力来让人对你刮目相看。为了让自己与优秀者表现得一样出色，就需要付出双倍的努力。千万不要为自己冠上弱者的称号，那样只会让你一次又一次地与成功失之交臂。

没有人能够预知事情的结果，但是每个人都能够通过自己的决心来改变事情的未来，这样你也可以摘得胜利的果实。

每天，我们需要对自己说："我是一个不需要借口的人，我对自己的言行负责，我知道活着意味着什么，我的方向很明确，我知道自己的目的，我怀着一种使命感在做事情。我行为正直，自己做决定并且总是尽自己最大的努力去做好事情。我不抱怨自己所处的环境，努力克服困难，不去想过去而是继续实现自己的梦想。我有完整的自尊，我无条件地接受每一个人，因为我们都是平等的，我不比别人差，别人也不比我好。作为一个没有任何借口的人，我对自己的才能充满信心。"

拿得起放得下，看准了就行动

成功只会垂青那些积极主动的强者，只要你敢于担当，勇于接受来自生活的挑战，那么，任何艰难险阻都会变成坦途。真正的强者从来不埋怨，他们总是会把那些消极的想法从内心扫除殆尽，让自己的内心充满阳光、充满希望。

乔治从事保险行业，在他居住的小城镇，乔治是最受欢迎的保险业务员。但是小城毕竟面积很小，人口也有限，慢慢地，乔治很难开展新业务了。有一次乔治乘火车外出，发现沿线有不少铁路工人家庭定居。他忽然想到：我为什么不尝试在这些地方推销保险？这地方虽然荒凉，但这几百千米的线路，应该还是保险业务的空白区。乔治马上采取行动，他立即着手制订计划，做好一切准备。此后，他一直往返于铁路沿线推销保险。人们很喜欢他，有保险方面的需要时首先会想到他。一年过去了，乔治的业绩竟然超过百万美元。

每一个正在社会上打拼的人，相信都有自己的理想，这种理想决定着你的努力和判断的方向。但要想将理想化为现实，我们还必须有必胜的信念，相信自己能做到，然后潜意识才会接收我们的指令，最后将之实现。其实，无论是企业经营、开展新的事业，还是开发新产品，很多人思考的结果首先是没有信心：恐怕不行吧，恐怕做不好吧。但是，如果一味地顺从这个"常识性"判断，那么原本可以做的事情也将变得不能做了。如果真正想做一件事情，那么首先要树立坚定的信心，要有强烈的将之做好的愿望，这些信念都是不可或缺的。

同样，如果你正在为一件事努力，那么给自己一些积极的暗示——我一定能成功，我一定能做到，你便能化压力为动力，产生超越自我和他人的欲望，并将潜在的巨大的内驱力释放出来，进而最终获得成功。成功者的标准作风，是拿得起放得下，看准了就行动。

占了世界上大多数人口的普通人中，肯定也有不少智慧出众的人，他们之所以出不了头，不是差在勤奋，而是差在胆识。是的，任何一项新的行动都是有风险的，付出了，你有可能就此闯出一番新天地，也可能败得灰头土脸，但可以肯定的是，如果前怕狼后怕虎，你将永远平庸下去，出不了头。认真比较一下，还是敢于行动的前景更光明一些。

思想加行动是成功的必要条件，道理我们都很容易理解，但是努力的过程中，往往会有力不从心的感觉，于是一些意志薄弱的人就开始打起了退堂鼓。一个人来到这个世界上，面对生活中的诸多不如意，我们只有两个选择，要么接受，要么改变。抱怨成为接受事实的一个阻碍，我们总是想，这件事难度太大了，这样的事情怎么会发生在我的身上呢？我怎么能接受这样的事情呢？于是，在我们产生抗拒心理的时候，我们已经失去了改变这件事情的机会。那么，当我们无休止埋怨的时候，有没有想过比埋怨更好的解决方法呢？

可能天下最无奈的一句话就是：我当时真该大胆地去做。我们生活的周围，也经常有人感叹："如果我在那时开始那笔生意，早就发财了！"或"我早就料到了，我好后悔当时没有做！"一个好创意，如果只是想想而已，并没有被执行的话，真的会叫人叹息不已，感到遗憾；如果真的彻底施行，就会带来无限的满足。对于我们自身，要获得期望，他人的激励是一个方面，而最重要的是我们要挖掘出隐藏于潜意识背后的自己的力量，这样，你才能获得自信，才能始终拥有向上的热情和奋斗的激情，你才能看到成功的曙光。

第08章
努力突破的间隙,也要记得回望和反思

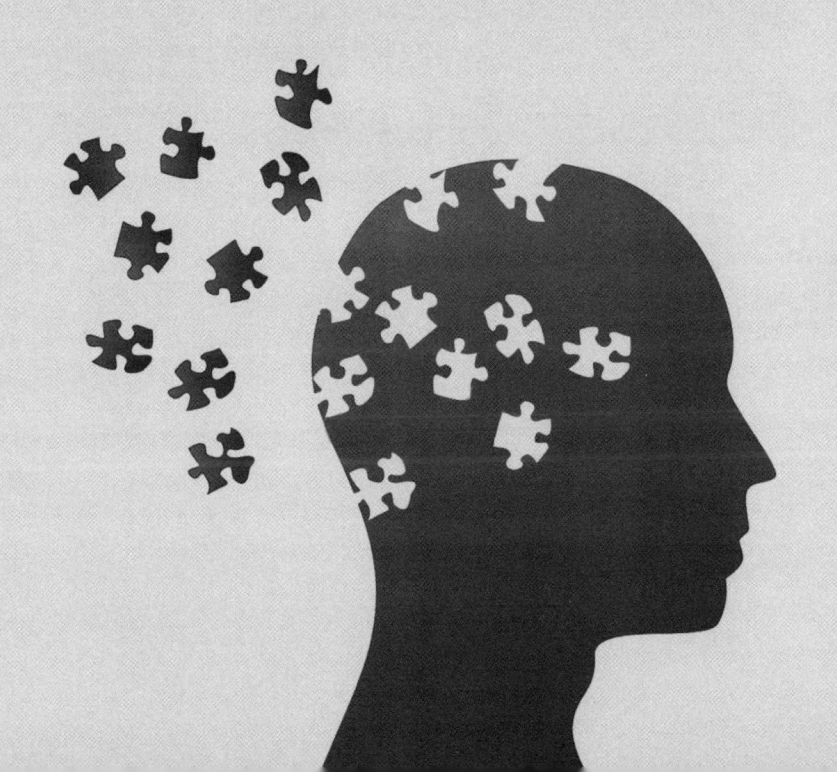

找到自己的位置，才不会迷失自己

人的一生中，总要面对各种选择。大到选择自己的人生伴侣、规划自己的人生路线，小到假期旅游去哪里玩，面对琳琅满目的商品如何挑选。当遇到多个选项，鱼和熊掌又不可兼得的时候，你有能力和魄力做出明智、正确的抉择吗？

人的精力是有限的，我们只有懂得舍弃，做最适合自己的事，才能身轻如燕地前行。其实，我们在生活中，经常会面临很多选择，而有选择，自然就会有放弃。对此，我们始终要记住的一点是，这个世界的每一个角落都充满了诱惑。各种各样的诱惑像空气一样，无所不在，无孔不入。我们只有始终告诫自己别贪婪，才能找到自己的位置，才不会迷失自己。

从前有一个贫苦的小女孩，除夕之夜，她因为没有过年的新衣而在房间里偷偷地哭泣。

一个仙子从天而降，她一挥手，一件件美丽衣裙悬挂在小女孩面前，她一伸手就可以够到。仙子温柔地告诉她："在天亮前，你可以挑一件自己最喜欢的穿上，以后它就是你的了。"一阵轻风，仙子隐去了身形。

小女孩擦了擦眼睛，望着这些五颜六色的衣裙不知道选哪一件才好。心里想的，都是明天穿上新衣后，在小伙伴们面前美丽又骄傲的样子。她喜欢最亮丽的红色，又觉得那娇嫩的粉色才好看，还有那明艳的黄、神秘的紫，简直是眼花缭乱。她摸摸这件，又把手伸向那件，总是觉得自己没有选到的另一件更好看。天慢慢要亮了，小女孩还是没有选定她的衣裳。她闭上眼睛，准备胡乱抓一件，一伸手却扑了个空，再睁眼时，面前的衣裙已经全部消失不见。

人生在世，我们面临的抉择实在太多。而有选择，自然就会有放弃。如果你什么都想要，那么，最终你很有可能什么也得不到。这就像猎人追赶兔子时，如果同时出现两只兔子，必定要舍弃其中一只，而专心瞄准另外一只，如果他两只都想捕获，在两只兔子之间来回折腾，结果必定是白费力气，一无所获。其实，在人生目标的选择上，何尝不是如此呢？

的确，很多时候，我们遇到的选项都是非常具有诱惑力的，但不能同时拥有。在鱼与熊掌的选择中，我们往往会斤斤计较、患得患失、优柔寡断。但要明白的是，你必须学会抉择、学会舍得。

在生活中，我们总是倾向于跟随大多数人的想法或态度，以证明自己并不孤单。我们有时候觉得活得很别扭、很不痛快，很大程度上是因为过于从众。例如，为了赶潮流而买了一双鞋子，虽然穿着不舒服，脚被硌得生疼，但还是硬撑着，因为大家都在穿。其实生活不是为了活给别人看，而是为了活出真实的自己。鞋子的款式不重要，关键是舒适与否。我们不要为了时尚而让脚受委屈，更不要为了某些虚荣的名利，而把宝贵的年华和快乐舍弃。

其实有的时候，我们只是过于注重别人的看法和眼光，没有从内心肯定自己，没有踏踏实实地从内心认清自己，而是将心思放在外面了。没有了自我，一切的快乐都是虚伪的。即使人家批评你、否定你、攻击你，也不代表你的自我受到否定，唯一能否定你的人，只有你自己。喜欢评头论足的人很多，你随时可能遇到讥笑和嘲讽，不要让它左右你，该干的就干，而且要力争干得最好。

生活的辩证法就是如此。我们知道，有得就有失，有失也有得，得与失是矛盾的统一体。例如，要成功就必须放弃享乐；选择家庭的同时就得放弃单身生活的很多自由空间；选择内心平静的同时就得放弃对权力和金钱的角逐。可能你会认为,摆在眼前的都是我想要的,舍弃任何一个,都会让我痛苦。但你必须明白的是:只有果断地放弃其中之一,才会得到、拥有其中之一。只有做出选择,才不至于什么都得不到。选择是一门看似简单却十分有讲究的艺术。人的一生,就是一个不断进行选择的过程。选择的正误和效率,是一个人价值取向、思想水平、道德意识和判断能力的综合反映。在面临选择时,我们必须清醒地知道,我们需要什么,哪些才是对自己最重要的,哪些才是最适合自己的。

突破自己，才能看清自己人生的奋斗方向

有研究认为，人类的智慧可以分成七项，其中一项是"内省智能"，即有自知之明。"内省"就是向内在世界学习，也就是说，懂得欣赏自己，从学习爱自己中培养自尊，从欣赏别人中学习尊重，从社会历练中认识自己的价值，也是一种美好的品格，这就叫"进退有度"。

在生活中，很多人并不是不想获得成功，但是他们对成功的认识却十分模糊，不知道该怎样去选择和追求，在行动上也显得十分轻率和盲目，最终搞得自己不仅没有做成大事，还感到非常疲惫和痛苦。只有那些了解自己、有明确奋斗方向的人才能笑傲人生，取得非凡的成就。

小罗今年刚满30岁，人言三十而立，她却感觉自己现在的生活糟糕透了。刚结婚那几年，她是幸福的。丈夫事业有成，孩子聪明可爱，小罗没有出去工作，就在家相夫教子，她觉得

能守着他们过一辈子，自己也会很开心。可是好景不长，丈夫就好像变了一个人似的，他每天不是借口单位加班，就是说下班后有应酬，回家的时间越来越晚。就是他在家时，也只是偶尔逗逗孩子，和妻子也没几句话。

一天，小罗的一个好友到家里来玩，小罗对她诉说心里的烦恼，埋怨自己嫁错了人。好友提醒她说："你总说老公忙工作不理人，其实现在这个时代，谁不是每天忙得脚打后脑勺。我看你是闲得太久了，和社会脱节。如果你自己有想法、有能力，为什么不干脆自己创业或者找份工作做呢？"这番话点醒了小罗，她仔细想一想，觉得好友的话十分在理，于是她开始留意身边的各种机会。

不久，她发现小区附近有家婴幼儿用品店转让，她就动了心思。现在孩子上幼儿园了，自己也应该做点事。一开始丈夫并不同意，他认为小罗缺乏经营经验，而且开店事情太繁杂，怕她应付不了。但小罗坚持接了下来，她对婴幼儿用品很了解，再加上她性格又随和亲切，很快便和那些妈妈顾客交上朋友。虽然经营经验差了些，但慢慢摸索着做下来，也把小店打理得井井有条。

尤其让她感到高兴的是，因为她打开了人生的新局面，丈夫也对她刮目相看。对于开店如何与相关职能部门打交道，丈夫还根据自己的社会经验，给了小罗许多有用的意见。如今的他们，在生活中能够互相交流自己的想法和意见，感情也比从前更加融洽了。

在生活中，一些人陷入痛苦和迷茫，很大程度上不在于自己努力与否，而在于是否确定了正确的目标和方向。如果能够树立正确清晰的目标，那么就能够知道自己应该往哪个方向努力，就有了应对的方法，心中对自己的未来也会愈加明朗。相反，如果连目标都没有确定，自己肯定就会如坠云雾里，辨不清方向，空有一身力气，却都像打在棉花上，起不到丝毫的效果。更有甚者，越是努力，却往往越是背道而驰，和自己的目标越行越远。这种状况下，我们需要的是理顺思路，寻求突破。

对于如何经营自己的优势人生，一位经济学家曾经引用三个经济原则做了贴切的比喻。第一个原则是"利益原则"，正如一个国家选择经济发展策略一样，每个人应该选择自己最擅长的工作，做自己专长的事，才会胜任。第二个原则是"机会成本"原则。一旦自己做了选择之后，就得放弃其他的选择，两者之间的取舍就反映出这一工作的机会成本，于是你必须全力以赴，增加对工作的认真度。第三个原则是"效率原则"。

工作的成果不在于你工作时间的长短，而是在于成效的多少，附加值有多高。如此，自己的努力才不会白费，才能得到适当的报酬和鼓舞。

在这三个原则下，我们应该努力根据自己的特长来规划人生，量力而行。根据自己的条件、才能、素质、兴趣等，确定努力的方向。你可以给自己做一个详细的画像，并把你的这些优点逐条写在纸上。给自己做一份自我推荐信，然后，与自己面对面地谈话，排除其他杂念，一心一意想着你就是推荐信里写的那个人，你的身上有许多别人不具备的优点。以此作为个人深层次挖掘的动力之源和魅力闪光点，形成职业设计的有力支撑。

我们在前进的道路上出现问题并不可怕，尽管它会给你带来失望、烦恼，甚至是痛苦，但是，它却像一块磨刀石，磨砺你的意志、增强你的能力，最终使你成为一个能够坦然面对困难，并成就大业的勇者。

客观评估自己，才不会迷失自我

有人说，我们认识世界容易，认清自己却很难。的确是这样，我们对于自己的估量，往往会因为立场的原因失于客观。为了不让自己在纷繁复杂的社会中迷失自我，有两大原则必须引起注意，第一是知道自己的位置在哪里，自己的分量有多少；第二是明白自己身上最重要的资产是什么，在自己的重点资产上重点投入。

在日常生活中，我们经常看到一些非常看重自己的人，他们总以为自己很了不起，高高在上，盛气凌人；总以为别人什么都不行，只有自己最行。于是，稍不如意，便牢骚满腹，怨天尤人。说穿了，这就是太看重自己导致的心理失衡。

我们所有的成绩，我们所看重的那个自己，对于别人，可能是珠宝，也可能是没有丝毫价值的尘埃。我们越是期望别人眼里的自己会光芒四射，也许我们最终得到的，就越会是失望和无奈。因此，只有低下我们高傲的头，我们才有可能认清那个最真实的自己。

张宣毕业于北方一所著名的工科大学，学的是电气自动化专业。找工作的时候，他没费什么劲儿，就应聘到一家国有大型企业做技术员，试用期半年。在业务方面，张宣的表现很优秀，也受到领导的好评。但是张宣虽然人进了工厂，身上的书生意气却一点儿没有收敛。单位里从生产管理到各级领导的工作作风，他都有看不惯的地方。刚入职三个月，他就给总经理写了洋洋万言的意见书，他一一列举了现存的问题与弊端，并提出了周详的改进意见。他满以为上层领导会看中他的才华并加以重用，不料实习期一过，张宣却被委婉地辞退了。他的建议，自然也没有被采纳。

原来，单位领导和同事对张宣的能力没有任何疑义，但是对于他的综合表现却不甚满意。他锋芒太盛，不注意处理人际关系，对前辈、同事也不够尊重，这些都是张宣的致命伤。这并非领导没有容人之量，事实上，像张宣这样的人，虽然头脑还算聪明，思路却不太清楚。他作为一个刚入职的技术员，却常常有意无意把自己放在"监察者"的位置上，这样在以后的工作中是很难融入团队的，有再多的聪明才智也无法发挥出来。而且他所指出的种种弊端，只看局部，不见全局，管理的艺术，他其实连门儿都没有摸到。

法国著名画家安格尔曾说过："我在日常生活中严守着一个美好的准则：'贵在自知之明'，我是素以此来鞭策自己的。"智者做人总能正确认识自己的才能，并以自己的才能为基础，懂得"力所不及"和"过犹不及"的辩证法则。真正认识自己并不是件容易的事，有人活了一辈子都不能认识自己。对别人认识得很清楚，把握得很准确，而对自己却不能认清，也不能准确把握。也有人感叹自己不了解别人，却完全了解自己。这都是不能正确认识自己的表现。

要想做一番事业，获得成功，你就应该对自己有清晰的认识，知道自己的分量，给自己定好位，正确估量自己。我们当然要听取多方面意见，但更重要的，是对自己有一种冷静客观的认识。

吴芸芸上高二的时候，要分文科理科。那时，她的文理科成绩都不错，但是她对文科更有兴趣，所以分班的时候，吴芸芸填了读文科的申请表。可是从家长到班主任老师，都希望她留在理科班。他们劝吴芸芸说，读理科高考时可以选择的学校更多，而且也可以报考文科专业。于是，吴芸芸转报了理科班。

这两年的高中生活,吴芸芸过得很不轻松,这不仅仅因为功课的繁重,其中还有和心爱的文学、历史失之交臂的痛苦。每次看到文科班的征文比赛等活动,她心里总是一阵阵失落。高考的时候,吴芸芸发挥不错,分数上了一本线。填报高考志愿时,她发现其实理科生能考的文科专业非常有限,远远没有读文科考文科专业容易。就这样,吴芸芸又一次在家长的劝说下,选择了文理兼收的会计专业。在大学里,她虽然参加了学校的广播站和校报的记者工作,可还是感到很遗憾,没能学习自己热爱的专业。

后来,报考研究生的时候,吴芸芸毫不犹豫地填报了文科专业。从理跨到文,中间她付出了许多时间和精力,比那些本科就学文科的人困难许多。读研究生的时候,她为了弥补自己大学四年没学文科专业的遗憾,付出了很大的努力。

人生最宝贵的就是时间,时间丢失了就是永远地丢失了,再也找不回来。为了不让这种对生命的浪费发生在自己身上,选择之初,我们就要对自己的优势和劣势有准确的认识,经营好你现有的资产。

如果你现在正在选择之中,那么不管是不是有迫切的需要，都请尽量抽出时间广泛收集相关信息和资料，同时多与朋友联系，多关心了解社会资讯，才能找到不盲目、适情适性的最佳目标。

对已经工作的人来说，最忌讳的事便是得过且过，现今的社会是竞争的时代，你不进取就会退步。如果目前的工作并非你的兴趣所在，也不能发挥你的特长，但自己又暂时离不开工作，就更应该向前看，不妨考虑到相近的工作领域中发挥你的聪明才智。下班后多多学习，以储备更多的专业知识和技能，当新的机会来临时，你便能轻松地把握。

破局思维

我们始终要知道自己下一步路怎么走

如果一个人走在路上,突遇狂风暴雨,电闪雷鸣,根本没做任何准备,这真的是太可怕了。然而,这些都是生命的常态,人生最可怕的不是醒来后无路可走,而是根本就不知道自己要走一条什么样的路,不清楚自己想要什么样的生活,不明白自己的追求究竟是什么。一个处于混沌状态、茫然无措的人才是最可怕的。

小汪参加工作已经有5年了,按理说在事业上应该已经进入稳定期了,但他总是找不到状态。刚毕业那两年,在班级群里大家还聊得挺热闹,谁升职了、谁成功创业了、谁加薪了,都会收到同学们半调侃半认真的美好祝愿。小汪在公司却不那么如意,当初的锐气早已在琐碎的事情中被消磨殆尽,他和领导同事的关系也不好,虽然没有什么大的冲突,但总感觉自己在单位可有可无,根本不被人重视。

这一段时间，他都被郁闷和迷茫纠缠着，不知道自己究竟要做什么。家里有个亲戚卖保健品做得挺红火，又极力劝说小汪跟着做，打包票说3年之内让他实现财务自由，再也不必做那份不喜欢的工作。小汪动心了，这几年他也没存下什么钱，就向父母借钱进了些货。不料等自己做起来才知道，这一行没有那么简单。先前身边的人碍于面子会多少买点他推销的东西，人情牌打完就束手无策了，那些货都压在了手里。

本来就找不到方向的小汪更迷茫了，他也知道自己应该干点什么，做兼职赚钱、考热门的证书、重新拣起考公务员的资料复习考试。这些对小汪都很有吸引力，但他却每一样都浅尝辄止，不了了之。再加上在单位依然不如意，回到家里父母又总是唠唠叨叨，小汪觉得自己头都大了。

追求自己想要的生活，这是每个人的权利，也是义务，只有自己才能真正地对自己的人生负责。一个人究竟要过怎样的生活，想拥有什么样的人生，只有自己最清楚，没有任何人能够告诉你，别人的人生也不是随便就可以复制来的。但是，很多时候，我们知道自己不想要的是什么，但就是不知道自己想要的是什么。这就好像你在黑夜中拿着火把照亮周围，却不知道该往哪里前行，等到火光熄了或者已经燃到就差烧掉自己手指头的时候,还不清楚自己的脚步该迈往何方、该怎么走,这对于人生、对于生命是多么大的浪费和打击。

从现在起,扪心自问:我想要的是什么?这不是说马上让你立大志、成大业,而是把一切落到实处,从不再虚度时光开始。一位成功的商人说:"多年来,我一直在一本记事本上记下当天所有的约会,每个周末的晚上,我会抽出一部分时间来自我反省,重新回顾和检讨我这一周以来的工作。我打开记事本,回想从星期一早上开始这段时间里所有的日程安排,我会问自己'那一次我犯了什么样的错误?'哪些事情是我做得对的,怎样才能改进我的做法?'我能从那个经验里学到些什么?'自我反省不是一件快乐的事,但是时间一年年地过去,发生这些错误的机会就越来越少。而这种自我分析的方法延续了一年又一年。这是我曾经做过的事情中最有益处的。"

在人生的旅途上,我们不仅需要信心、激情和坚忍不拔的精神,还需要理智地去分析失败的原因。跌倒了不要急着爬起来,要辨别一下方向,再看看是什么东西绊住了自己。只有找到摔倒的原因,努力从挫折中吸取经验教训,继续学习,不断提高自身的修养,增添自己应对困难的自信砝码,才能不再重蹈覆辙,从而避免更大的损失,更好地前进。

生活中,我们周围的每个人都是一个单独的个体,人与人虽然没有优劣之分，但却有很大的不同。这世界上的路有千万条，但最难找的就是适合自己的那条路。每个人都应根据自己的特长来规划人生且量力而行，根据环境与条件，努力寻找有利条件；不能坐等机会，要自己创造机会；拿出成果来，获得社会的承认，事情就会好办一些。每个人都应该尽力找到自己的最佳位置，找准属于自己的人生跑道。

只有选准人生坐标,才能绘出美好的生活图景

一个人在这个世界上,最重要的不是认清他人,而是先看清自己,了解自己的优点与缺点、长处与不足等。搞清楚这一点,就是要充分认识到自己的优势与劣势,容易在实践中发挥比较优势。否则,你就无法发现自己的不足,就会使你沿着一条错误的道路越走越远,而你的长处却被你搁浅,能力与优势也就受到限制,甚至使自己的劣势更加劣势,使自己处于不利的地位。所以,从某种意义上说,是否认清自己的优势,是一个人能否取得成功的关键。

虽然,现代社会已经进入知识经济时代,但同时它也是一个多元化发展的社会,每一个肯努力的人,大门都不会对他关闭。比起那些名校出身、高起点的人,也许你的学历毫无闪光之处,不知道自己靠什么和他人竞争。是的,比学历、比专业你可能要逊色一些,但是换个思路来想,我们为什么一定要拿自己的弱项比别人的长项?他学历高,你头脑灵活;他敏锐,

你勤勉；他看得远，你做得细。在每个城市都有白手起家获得成功的老板，他们的成功，就是以弱胜强的样本。成功的路有很多条，别人能走得通的，不一定也适合你，反之亦然。如果你并不具备人们所要求的种种条件，但你仍可以另辟蹊径，走出一条自己的路来。

现实生活中的人们，每天都要为生活奔波，每天都要面临紧张的工作，还需要处理复杂的人际关系。于是，你开始抱怨生活、抱怨上司、抱怨同事、抱怨薪水低、抱怨工作任务重等。不知道从什么时候起，抱怨已经具有了很强的破坏性。被抱怨包围着的人们，似乎从来没有顺心过，似乎再也遇不到高兴的事。高兴的事情他抛在脑后，不顺心的事情总挂在嘴上。因为抱怨，他们不仅把自己搞得很烦躁，也把别人搞得很不安。而实际上，抱怨对于事情的解决毫无益处，它只会让我们在忙碌中兜圈子，相反，如果我们能心平气和地正视问题，厘清自己的思绪，那么，找到解决问题方法的概率便会大大提高。

"一个人需要思考的，不是自己应该得到什么，而是自己是怎样的人。"我们应正确认识自己，既看到自己的长处，也认识到自己的不足。借助反馈信息做出自我调节，为自己正确定位，这样才能自信地去迎接机遇和挑战，为自己创造更多的成功和欢乐。

立刻行动吧！制订目标，把目标具体化，具体到你每天要做的一些任务，而且这些任务是可以完成的，根据客观条件和主观努力是能够实现的，这样你的计划就能够帮助你实现自己的目标。

客观地认识自己，知道自己的长处，找到自己的发展方向，走一条属于自己的路，这对于你未来的发展有着事半功倍的效果。只有选准了自己的人生坐标，才能绘出美好的生活图景。

第09章

心态破局：恐惧没有什么大不了

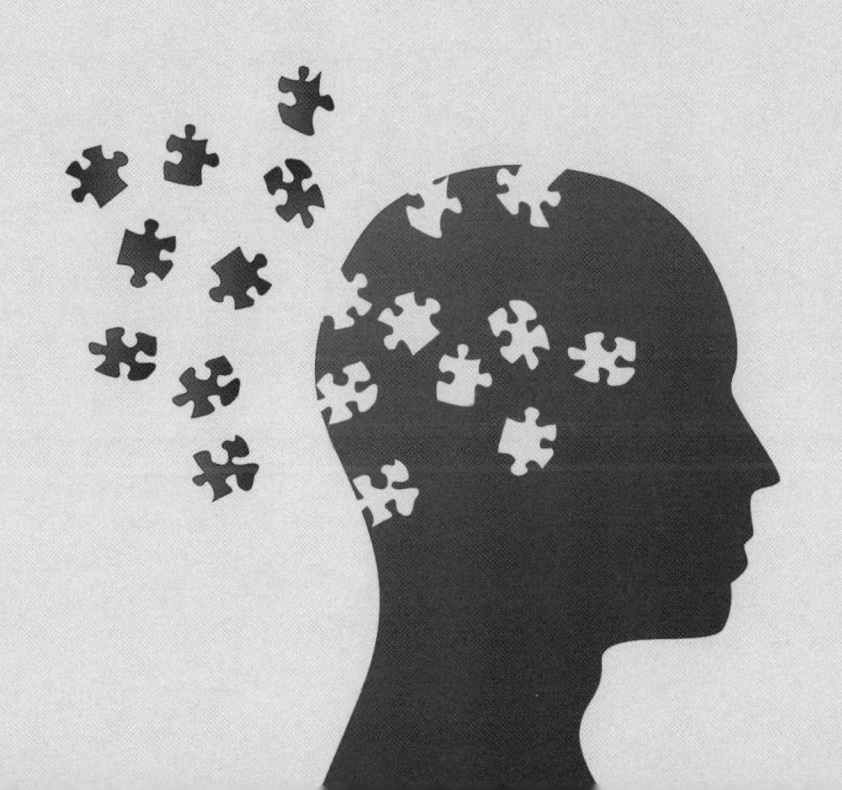

直面恐惧，并大胆驾驭它

人们有时会做噩梦，在梦境里面临危险，害怕到了极点的最后一刻，心里总会响起一个声音："不要害怕，这只是在梦境中，睁开眼睛就好。"于是，梦中的人会立刻睁开眼睛，发现刚刚的危险真的只是在做梦，世界还是依旧美好地存在着。长大后，我们也经常会有面对恐惧的时刻，如出去贪玩没有及时完成家庭作业而担心会被老师责骂的时候，如做错事担心会被父母或者领导责骂的时候，再如走在陌生的道路上，担心遇到抢劫等极端犯罪的时候。尽管我们并不期望，但确实无可奈何，我们的人生中还是会有很多时刻会让我们产生恐惧。

面临恐惧并不可怕，值得注意的是我们面对恐惧的态度。都说困难像弹簧，恐惧也是如此。它就像是一个外强中干的绣花枕头，又像是一个欺软怕硬的墙头草，你给它一点颜色，它会立刻服软，你向它展示你的怯懦，就只会被它狠狠地欺负。

某公司举办拓展活动，一起玩"撕名牌"的游戏。有一个女同事表现得一直很勇猛，接连撕下很多人，大家都以为最终的赢家可能是她了。后来，场内连她在内就剩下了3个人，其余的两个人准备联手先将她撕掉。就是在一对二这样的情况下，这位女同事还是凭借顽强的毅力和灵活的闪躲成功撕掉了一个人，破坏了她们的联盟。最终，只剩下她和另一个女生小芳对决。两人很快就缠斗在一起，分不清输赢。或许是前期消耗了太多的力气，没多久就看到她站了起来往外走。而就在她往外走的那一瞬间，小芳迅速撕掉了她的名牌，获得了胜利。后来，我们问她为什么突然站起来往外走。她说在缠斗的过程中，小芳一直在跟她重复一句话："你已经被我撕掉了。"

在这句话的影响之下，她真的以为自己的名牌已经被撕掉，因而转身离开，却在毫无防备的情况下被轻松撕下了名牌。

"我以为"听起来无足轻重，很多时候却是我们最大的敌人。它暴露了我们认知最为松懈的地方，和"早知道"有着相似的效果。这也无比正确地印证着：我们最大的敌人其实从不是外人，而是我们自己。有意思的是，恐惧在很多时候也正是利用这一点，轻松地打消我们的热情，不费吹灰之力。

第09章 心态破局：恐惧没有什么大不了

我们每个人都会有恐惧感，这是我们得以生存的本能之一。我们害怕会被这个时代淘汰，所以才会不断学习进步。我们害怕会被同龄人抛弃，所以选择默默努力，不断上进。可以说，正是有了恐惧的存在，我们才有了不断进步的动力和契机。因此，恐惧感的存在可以说是我们保护自身的一种安全手段。但问题是，恐惧感在我们的心里住得再久，也不会自觉地画地为牢。它会越来越肆无忌惮地扩大它的领域，让我们的内心越来越不受我们的控制，直至彻底被它掌控。在这样的状态下，不要说是梦想，我们可能连最基本的生活热情也会丧失殆尽。因此，我们需要学会面对恐惧，学会驾驭恐惧，让它变成我们进步的阶梯，而不是主宰。

一旦恐惧占据了你的心灵，自信就会消失得无影无踪。别人劝解你不要焦虑，多数我们担心的事情其实并不会成真，即便真的发生了糟糕透顶的事情，我们也还是会有无数的办法能够解决这些困境。但是，恐惧会让你拒绝相信这些，会让你变得懦弱。因此，面临恐惧的时候，你尽可以试试看，当你俯视阻挡在你面前的恐惧时，当你对面前的恐惧怒目而视时，你会发现，恐惧正在慢慢动摇，直到最后夹着尾巴仓皇而逃。因此，请你学会勇敢地面对恐惧，将眼睛睁大，然后皱眉，让它看到你的勇气，在你面前快速遁走。然后你会发现：所有的恐惧都是纸老虎,只要你学会勇敢,它就会越来越弱,直至最后消失不见。或许,你有无法克服的生理恐惧。那么,小心谨慎,学会远离危险,便是对自我最大的保护。

别被"假想敌"折磨得疲惫不堪

我们或许都曾有过给自己设立一个假想敌的时候,但是,不同的人用不同的心态来面对假想敌,最后能够达到的效果是不一样的。有些人会用自己设立的假想敌给自己正面的激励,督促自己不断努力前进,不断超越自己。有些人却会一直跟自己假想的敌人较劲,处处针锋相对,甚至伤人伤己,做出一些损人不利己的事情。后者实在是没有必要。

既然称为假想敌,必定是虚拟的、不存在于现实生活中的。他有可能是我们的某个同学、同事或者有一定竞争关系的人物形象,却不一定就是他们本人。当我们在生活中总是有意无意地将某个人设为假想敌,并为此费尽心思争斗较劲的时候,最终的结果只会是自寻烦恼。

我们在职场上,经常会遇见这样一些人:他们明明在工作中已经取得了一定的成绩,却总会因为自己的多疑而觉得某些同事在背后批评自己。于是,他们无缘由地将这些同事当成自己的假想敌,总是充满了竞争感,不管做什么事情都想要通过比较显示出自己的"高人一等"。长此以往,他们发现自己似乎总是被这些"敌人"撵着跑,想要停下来休息的时候,却又担心自己可能会被超越而受到耻笑,因而总是疲惫不堪。但其实,只是他们自己忘了休息,忘了与自己和解,忘了让自己学会放下。

《鲁滨逊漂流记》里面描述过这样一段故事:

在小说《鲁滨逊漂流记》中,鲁滨逊某次出去历险的时候不幸遭遇了海难,乘坐的轮船被打翻,可怜但幸运的鲁滨逊被海浪冲到了一个荒无人烟的孤岛上。那是鲁滨逊第一次遇到这种情况,于是他不停地祈祷,希望能够有过往的船只拯救他。荒岛上面没有任何人类来过的迹象,在距离海边一公里的地方有一片森林,每每到了晚上就会发出诡异的叫声,闪出怪异的光芒。鲁滨逊被吓坏了,不敢轻举妄动。即便是白天,也不敢靠近森林半步,脑海中总是会闪现出怪物出现然后将他掳走的画面。于是,他选择饿着肚子在海滩旁边等待,期盼会有过往的船只拯救他。

然而,现实是残忍的,一连两个星期过去了,他仍没有见到任何一艘船经过。疲惫不堪的鲁滨逊又渴又饿,已经到了身体的极限,每走一步路都要花费很长的时间。这时,鲁滨逊想,既然等下去也是死,为何不走进森林去看一眼呢?当即,鲁滨逊决定硬着头皮走进森林去看一眼。艰难地挪到森林以后,鲁滨逊傻眼了。森林里面到处都是熟透的瓜果,因为长时间没有人采摘,很多都已经熟透落到了地面上。鲁滨逊不管不顾地饱餐了一顿,吃饱的时候天差不多已经黑了,海风吹过来,到处都是熟透的瓜果跌落的声音,还有不知名的生物飞来飞去的声音。熟透的瓜果落在地上,长时间的发酵过后,发出幽微的蓝光,在黑幕的衬托下显得更加诡异,却没有丝毫危险。而这也正是之前鲁滨逊所听见和看见的"恐怖的声音和光亮"。正是因为这些恐怖的联想,鲁滨逊白白在森林外面忍饥挨饿了两个星期。鲁滨逊在发现瓜果的那一刻,他的内心一定是矛盾的。有找到食物的欣喜,更有没有早点尝试的懊悔与遗憾。

值得庆幸的是,鲁滨逊还是赶在生命的尽头前进行了努力和尝试,并成功拯救了自己的生命,也学习到了"不要用假象打败自己"的宝贵经验。

我们的人生也是这样。当你遇到危险,什么也没有观察,而是先给自己树立了一个个假想敌的时候,可以说,已经奠定了你失败的基础。在适当的时候，假想敌的存在不光能够激励我们不断前进，更能够使我们保持旺盛的活力。但是，凡事过犹不及，都要掌握好相应的度与量。在感觉到自己的紧绷与失控的时候，我们应该学会及时地调整与反思。不要将所有的"敌人"都想象得那么强大而忽视自己的力量，其实，在没有行动以前，没有人知道自己的力量会有多么强大。因此，请你相信：人生的大部分敌人其实都是我们自己，而绝不会是其他人。当你生命中出现了许多假想敌的时候，其实代表的是你自信心的缺失。因此，在遇到危险或竞争的时候，首先摆正自己的心态，让自己学会平和与放松，用尽全力努力尝试以后，再回头观察，你一定会发现，你的假想敌正在慢慢变弱，直至消失不见。

学会直面恐惧带来的负面结果

人生中的大多数失败,其实并非输给了对手,而是输给了自己,输给了我们内心的恐惧。因为恐惧的存在,我们原本自信的人生变得自卑;因为恐惧的存在,我们原本鼓足的勇气逐渐消失,变得一蹶不振。这些都让我们变得不再是自己,致使我们无法承受生活中的失败而白白丢失了原本属于我们的机遇。因此,想要成为人生的赢家,第一步,我们就要学会战胜自己,消除内心的恐惧。而要想根除内心的恐惧,首先,我们应该要学会直面恐惧带来的负面结果,学会承担,学会接受,学会释然。

有一种失败叫作输给了自己。我们总是会有这样的经历,不知道自己在害怕什么,但是面对一些我们不太了解的行业和知识点,我们总是缺乏足够的自信和绝对的勇气,内心紧张,不会侃侃而谈,这是人的正常反应。胆小一点的,就会变成恐惧。你问他害怕什么,他会回答不知道。其实是害怕未知,害怕自己不熟悉的事物，害怕自己的不能接受，说到底，是没有自信，是给自己设下了限制。在我们的现实生活中，很多人之所以会失败，往往就是因为在内心里面给自己设了限制。明明什么都还没有开始尝试，却早早给自己戴上了"不可能"的帽子。人生最大的敌人是自己，多数人的失败，其实都是输给了自己。

童话故事《骄傲的神射手》里面，主人公依波斯是一个远近闻名的"神射手"，他跟村民一起打猎的时候，从来都是百发百中，从未失手过。因此，人们都称赞他的射击技术高超，对他十分敬佩。他的美名很快就传到了皇帝的耳中。

有一天，皇宫要举行盛大的射猎比赛。皇帝便派人去邀请依波斯一起参加，并对他说："人们都说你是个真正的'神射手'，今天我想来见识一下。远处有一只小鸟，如果你能够射中它，我就赐给你黄金万两并且给你颁发'神射手'证书，但是如果你射不中的话，就说明你是徒有虚名，你的代价就是要被我发配到边疆去做苦力。"

依波斯听了皇帝的话，一言不发，但是神色明显变得激动起来。他取出一支箭搭上弓弦，手却不由自主地颤抖起来，因为他太想射中了。依波斯表面淡定，内心却在祈祷："神啊，求你让我射中这只鸟吧，只要能射中这只鸟，我就能够得到黄金万两，还能够从此以后改变自己的命运。我的命运如何，就看今天这支箭了。"依波斯一边这么想着，一边紧张万分地射出箭。可惜，天不遂人愿，依波斯的这支箭最终还是落在了旁边的树上，小鸟被惊吓到，惊叫一声飞走了。

皇帝看到依波斯的表现，不禁感叹道："看来，只有真正能够战胜自己心魔的人，才能被真正地称为'神射手'啊！"

确实，与其说依波斯败给了那只小鸟，不如说依波斯败给了自己，败给了他自己的紧张，败给了自己的内心，败给了根植于内心的恐惧。其实，纵使黄金万两和"神射手"的虚名真的能够得到，说到底，不过是多得了一些身外之物而已。人生在世，我们会有很多想要追求的身外之物，追求固然无可厚非，但是即便失败，不过也是原地踏步而已，又何必太过介怀呢？而依波斯正是因为没有明白这个道理，才导致了他的最终失败。

其实，你要明白：很多事情，在你还没开始尝试的时候，在你害怕的那一瞬间，就已经注定了你的失败。因为我们在害怕的那一瞬间，已经将自己放在了一个弱者的位置上，这时，就算拥有再高的技艺，也注定了站在一个低起点上。

就像法拉第曾经说过的："拼命去换取成功，但不希望一定会成功，其结果往往就会成功，而这就是成功的奥秘。"当我们在面对各方压力的时候，往往会被恐惧控制，而一旦恐惧占领了我们的心房，我们拥有的就只会是心神不宁及惶惶不安，而这些带来的最终结果只会是发挥的失误。因此，请你明白：人生就是这样，怕什么往往就真的会遇到什么。畏惧失败也是一样，只会让我们更快地遭受失败。我们只有在精神上首先战胜自己，才能够克服对未知的恐惧，才能够心态平和地走向卓越，最终走向成功。

你的担忧，大多数都是杞人忧天

有很多人每时每刻都处于焦虑之中，并非因为他们的生活面对很多危机，而是因为他们缺乏安全感，会为那些未必会发生的事情担忧，也就是我们常说的杞人忧天。毋庸置疑，未雨绸缪是好的，可以让我们在事情发生之前有更多的时间进行充分的思考，从而想出对策，不至于事到临头手忙脚乱。然而，过度思虑周全，导致杞人忧天，就超过了思考的限度，无形中给我们的心理增加了很多负担。曾经有心理学家专门进行了一项实验，即让人们把自己担忧的事情写在一张纸上，然后去正常地生活，等到一段时间之后，再让那些人回过头来看自己曾经写下的担忧。大多数人都发现自己担忧的事情根本没有发生，甚至没有给自己的生活造成任何困扰。这很有力地证明了一个事实，即我们的担忧十有八九不会发生，我们的担忧，大多数情况下都是杞人忧天。

成功学大师卡耐基小时候和母亲一起在农场里采摘樱桃，

他突然就哭了起来，在母亲的询问下，他才说出自己哭泣的原因。原来，他很担心自己会被活埋。母亲当然觉得卡耐基哭泣的原因非常可笑，因为他在为一件毫无可能发生的事情担忧。但那时卡耐基的内心，却被这个还没有发生的问题困扰，充满忧虑。

很多孩子都会经历这样的人生阶段，他们正处于对这个世界有些了解又不全了解的情况下，所以他们会因为未知而感到恐惧和担忧。当我们成年之后再回忆小时候的生活，会发现曾经年幼的自己非常幼稚可笑，有的孩子会因为其他孩子的一句恐吓，吓得不敢去上学；有的孩子会因为父母一句无心的话，担心自己有朝一日被抛弃……在成人看来，这些事情都是玩笑话，但是这一切都会在孩子稚嫩的心中留下深深的恐惧。所以作为父母，千万不要随意恐吓孩子，当然我们自身也要认识到，很多担忧都是无中生有，自寻烦恼。所谓兵来将挡，水来土掩，我们唯有更好地专注于当下的生活，才能过好人生的每一刻，不至于为那些还没有发生的事情浪费宝贵的时间和精力，甚至给自己的生活造成严重的困扰。

作为一位全职太太，薇薇安把所有的时间和精力都用于抚养孩子，在孩子身上倾注了太多的心力。正是因为她的生活中只有孩子，所以她几乎每时每刻都在关注孩子，而渐渐忽略了与外界的联系。有段时间，薇薇安得知手足口病开始流行，马上变得神经兮兮，她不止一次失眠，始终担心如果自己的孩子得了手足口病怎么办。尤其是在听说手足口病能够致死之后，她更是夜不能寐。

看到薇薇安紧张的样子，她的丈夫刘维安慰道："亲爱的，不要这么担心，毕竟手足口病只是小概率事件，而且致死率也特别低。只要我们在手足口病高发时期注意不要带孩子到人流密集的地方，情况就不会那么糟糕。退一万步而言，哪怕孩子患了手足口病，只要及时医治，不耽误治疗，是完全可以康复的。"薇薇安有些情绪激动："手足口病是会致死的呀！"刘维依然很平静："是的，感冒也致死，但是我们每年都感冒几次，却完好无损。你要相信现代医疗水平，也要相信你对孩子的照顾。"虽然刘维竭尽所能地安慰薇薇安，但是薇薇安依然很焦躁。

直到两个月之后，手足口病高发期过去，薇薇安才渐渐放下心来。然而，秋季腹泻又来了，薇薇安还是无法从容地养育孩子，刘维也很担心薇薇安紧张的情绪状态会影响她的身体健康，甚至影响孩子，让孩子也变得惊恐不安。

在这个事例中，薇薇安的反应显然有些过激了。对于年纪小的孩子而言，生病完全是正常现象，因为没有任何孩子可以生活在真空环境中，而孩子生病往往能够提高他们的免疫力，使他们更加茁壮成长。相比薇薇安，丈夫刘维说得很对，现代医学如此发达，只要讲究卫生，适度控制孩子不到人多的地方活动，就能够保证安全。哪怕真的患病，先进的医疗条件也能够有效缓解症状，治愈疾病。与其担心这些未必会发生的事情，不如养精蓄锐，照顾好自己和孩子的身体，增强身体的抵抗力，这是更为有效和实用的。

为了帮助他人以及自己打消莫须有的担忧，我们还可以求助于科学，以实实在在的事例说服自己或者他人不要再担忧、焦虑。那些符合科学规律、具有事实依据的事例，比我们想象出来的担忧更有说服力，也能够帮助我们找回安然幸福的人生。

第09章 心态破局：恐惧没有什么大不了

真正的强者，不会一直待在舒适区

人都有趋利避害的本能，每个人都希望生活安逸无忧，而害怕生活动荡不安。在这种情况下，每当外界有任何风吹草动，他们都会觉得心惊胆战，因而感到深深的恐惧。他们更喜欢躲在毫无压力的生活环境中，安逸舒适地度过人生。尽管这种做法对于很多强者而言，是埋没人生的表现，但是一个人唯有把自己置之死地，才能证明自己的能力，也才能让自己更加从容坦荡。

作为人生真正的强者，一定要跳出舒适区，勇敢地迎接人生的风雨和大浪，这样才能在人生中有更好的表现。毋庸置疑，每个人在人生之中都有规划，也有人生目标，与其在人生中不断地畏缩，不如摆脱胆怯的个性，挣脱内心的束缚，让自己更加勇往直前。要想真正改变人生，我们就必须努力去尝试，这样才能彻底摆脱庸庸碌碌的人生，也才能在人生中不断地增强自身的实力，让自己得到提升和完善。如果总是一味地沉迷于安逸，就会变得更加胆怯，也会畏缩不前。

  大多数人都希望人生风平浪静，也希望自己能够克服对冒险的恐惧，从而给予人生更多的可能性。殊不知，正是因为这样的恐惧存在，人们才能在人生中不断地前进，增强自身抵抗挫折和磨难的能力，也才能变得越来越成熟，才能茁壮地成长。其实对于每个普通的生命而言，唯有抛除心中的杂念，才能集中所有的精神和力量，成就勇敢、伟大的人生。当然，人人都想把自身最完美的一面呈现出来，却每当人生遭遇坎坷波折，就在心中产生了放弃的念头。与其贪图安逸，自欺欺人，不如鼓起勇气，信心百倍面对人生。否则，是不可能度过人生困境的。作为真正的强者，我们一定要在人生中投入更多，从而让自己勇往直前，在人生中有所成就。成功学大师卡耐基曾经说过，在这个世界上，只有敢于尝试的人，才能让人生变得积极乐观。否则，一旦变得被动，人生就会陷入绝境。的确，不管是对于个人而言，还是对于整个世界而言，只有不断地变革，才能够取得伟大的进步。记住，一个人唯有跳出固有的生活，让自己站在至高点上，才能够成为当之无愧的人生冒险家，也才能够以星星之火燎原，从而让人生得到彻底的逆袭和改变。

第09章 心态破局：恐惧没有什么大不了

法国大名鼎鼎的作家大仲马在文学界享有很高的声誉，然而他在年轻的时候并不顺利，甚至因为家境贫困，不得不迫切地寻找工作，以便养活自己，也帮助父母养家糊口。他在巴黎努力了很久，却始终没有找到合适的工作。为此，他寄希望于父亲的朋友，希望父亲的朋友能够帮助他，让他尽快找到一份工作谋生。

为此，大仲马特意带着礼物去拜访父亲的朋友，并且表明了自己的需求。在听完大仲马的讲述之后，朋友很想了解大仲马的特长，因而问大仲马："你是否精通数学？"大仲马摇摇头，朋友又问："那么，你是否精通地理和历史呢？"大仲马依然摇摇头。接下来，不管这个朋友问什么，大仲马都接二连三地摇头。面对毫无特长的大仲马，朋友不免感到纳闷："每个人都有自己的特长，为何这个小伙子没有特长呢？一定是因为他不能客观认识和评价自己，才导致总是否定自己的。"为此，朋友要求大仲马认真想一想自己擅长什么，并且让大仲马留下联系地址。

大仲马当即拿出纸笔书写自己的地址，写完之后就转身准备离开，这时朋友却像哥伦布发现新大陆一样惊喜，他大喊大叫地说："你写得一手好字呀！年轻人，你的前途一定不可限量！"听到朋友这么说，大仲马觉得自己的确变得与众不同起来。从此之后，他开始尝试着进行文学创作，最终成为举世闻名的文学家。

面对生活的挫折，大仲马感到非常自卑，又因为他不能发现自身的长处，而只是想找一份与自我评价相符的工作来养活自己。这样一来，他根本无须挑战自己，只用从事最简单的工作。实际上，当时大仲马的心态与如今的很多年轻人一样，那就是小富即安，想从事一份相对自己而言非常简单的工作，从而维持生活。假如当年父亲的朋友没有突破大仲马的心理舒适区，那么大仲马就不会走入文学的领域，更不会在文学创作的道路上卓有成就。可想而知，大仲马在最初从事文学创作的时候，一定也经历了很多恐惧，毕竟自卑并不那么容易消除。而作为一个自卑的人，大仲马也不可能马上变得强大起来。但是对于大仲马而言，唯有真正走出人生的舒适区，才能够激发自身的潜力，找到最适合自己发展的人生道路。

对于每个人而言，人生从来都不是确定的，而人生的神奇和魅力就在于它充满了不确定性。每个人只有勇敢地面对人生，品味人生的真味，才能彻底战胜发自心底的自卑，消除深深的恐惧感，从而在人生中以强者的姿态出现，把握命运。

第10章

向上成长,破局之力来源于你的蜕变和提升

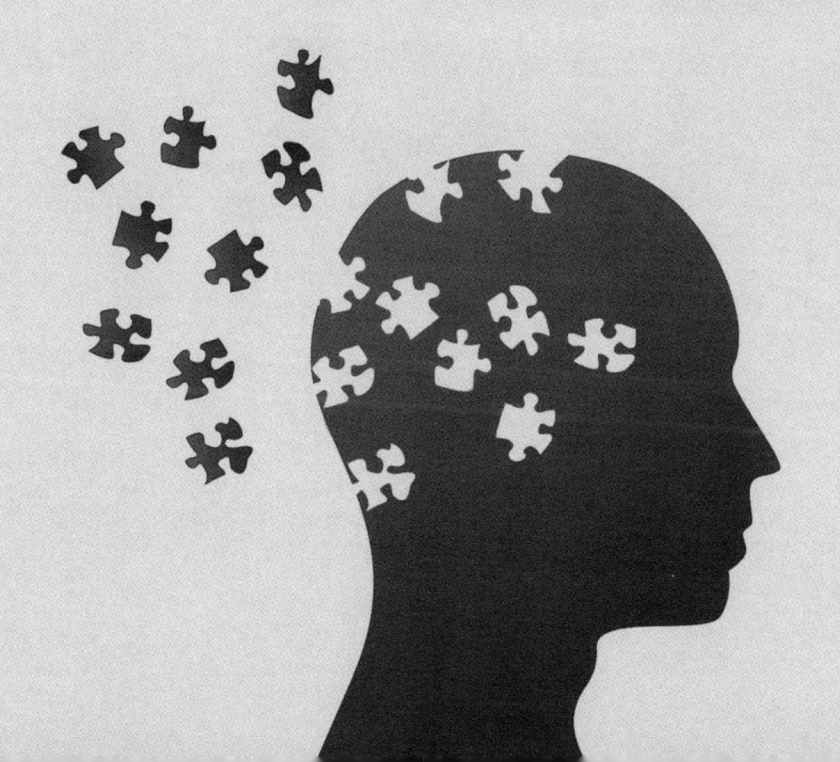

第10章 向上成长，破局之力来源于你的蜕变和提升

经营你的优势，形成出色的能力

经验固然能够加快你走向成功的步伐，但是经验并不是全部，不可能代替能力、信念等，一个年轻人想要走向成功，不能仅仅靠经验，因为这不是你的强项。

和那些三十多岁甚至四五十岁的人比，你所具有的这一点经验毫无优势。不过这不等于你完全没有成功的机会，经验是优势，同样也是桎梏。一个人如果经验丰富，就有可能会总凭经验做事，忘了创新，思想也会陷入某些条条框框无法摆脱，解决起事情来也总会受"思维定式"的束缚。这样看来，有经验本来是好事，但是因为经验陷入直觉和习惯，就是一件可怕的事情了。

《羊皮卷》曾经对经验有着如下评价："经验确实能教给我们很多东西，只是这需要花费太长的时间。等到人们获得智慧的时候，其价值已经随着时间的消逝而减少了。经验和时间有关，适合某一时代的行为，并不意味着今天仍然行得通。只

有原则是持久的……"

那么,我们要追寻的其实就是某些持久的原则,比如经营,比如坚持。年轻人想要获得优势,就要靠经营,经营什么,怎样经营呢?只有明白了这些,我们才可能获得更长久、更牢固的优势。

那么,年轻人普遍的长处到底在哪里呢?怎样经营才可能更出色?年轻人想要获得成功,一定要在以下几个方面下工夫,懂得经营最基本的几个方面,你才可能得到更长足的发展,才可能在某些领域获得全面的成功。

首先,用知识武装自己的头脑。有句话说得好:"你可以白手起家,却不可能赤手空拳。"这是一个信息大爆炸的社会,知识作为一种资本,将成为你取得成功的最基本手段。一个人如果没有头脑,那么他将一事无成。无论是从做事过程中汲取经验,还是通过学习、深造来获得知识,都必须要保证自己有一个"一流的头脑"。头脑专业是优势,头脑灵活也是优势。

尽可能在工作之余多看看专业书籍,多了解社会动向,每天都增加一点智慧,每天都进步一点点,每天都要学习。投资于自己的头脑,将是这个世界上最合算的投资,这会在日后的事业中让你受益无穷,年轻人一定要勤于学习,经营自己的学习力，经营自己的头脑。

其次，人脉经营。这一点大家都很明白，很多年轻人现在都特别重视在工作中的人际交往和培养自己的人脉关系，需要提醒大家的是，不要过于功利。"朋友是人生的一大笔财富"，但并非所有的人脉关系都属于"朋友"这一种，要认真区分，"买卖不成仁义在"更好。

再次，经营自己的信念。人生是需要规划的，这一点想必大家都清楚，能够出色规划自己的职业人生或者事业人生，一个人才可能走向成功。如果你自己对未来的事情没有计划，既没有目标梦想，也没有具体步骤的计划，那么成功只会离你越来越远。所以，经营自己的人生，就一定要在头脑中清晰构建出自己的未来，规划出自己每一步的战略。

最后，经营自己的习惯。一个人有着怎样的习惯，对于人生影响巨大，好的习惯带他走向人生的辉煌，不好的习惯会让他反复在失败中煎熬。想要成功，就必须从现在开始培养自己良好的习惯，包括积极正确的金钱观念、处世观念、成功观念，甚至细小的习惯动作，都要培养。

一个毫无特色的人凭借什么能够脱颖而出，最终超越他的同龄人和比他成熟的那些人呢？答案就是对自己人生的成功把握，成功经营，只有这样才能够真正成功。经营可以使你进步，优化你的生活和事业，使你有目标，清醒地活着，只有这样的生活状态，才能使你超越那些迷茫而浑浑噩噩的人。

　　成熟就是懂得让自己的生活更清醒一些，更理智一些，有明确的目标和追求，明白地过日子，不要得过且过，这就是经营的好处，是一个人成熟的表现。

善于观察,才能看到别人看不到的商机

不要抱怨自己没有机会,其实机会就在自己身边,赚钱需要有能够发现财富的眼光。只要有了这种眼光,你会发现到处都有成功的机会,到处都有财富。所以,不要气馁,不要抱怨,从现在开始就锻炼自己发现财富的眼光才是最重要的。

世界上成功的机会多的是,就看你能不能用自己独到的眼光发现它。世界上有如此多的财富,那么,财富的聚集遵循什么样的规律呢?拥有怎样的眼光才能发现它呢?这与一个人是否在生活中仔细观察、处处用心有关,同样也与一个人的财商有关。一个善于观察的人往往能够看到别人看不到的商机。

一位植物旅行者来到一个十分偏僻的地方观察植物,他偶然间发现一大片兰草。经过仔细确认以后,他认定这是兰花中的极品——佛兰。旅行者觉得这是上天给他的机会,因为佛兰是很有价值的观赏植物,极罕见,而且价格不菲。不久旅行者

回到了城里，带回的几十株佛兰让赏花的专家眼前一亮，那些卖花的钱更是让他成了富翁。

这位旅行者获得巨大成功的原因有三点。第一，他善于观察，即使在极平常的地方也能够观察到财富，如果他是一个对什么都视而不见的人，想必兰草早就与他擦身而过。第二，他在自己熟悉的领域有着丰富的知识和信息，如果他不是一个植物学家，大概只把这些极品佛兰当成普通的小草而已。第三，他不是一个书呆子，是有着极高财商的人，一个普通人，就算认出佛兰，大概也只懂得它的稀有，而好好考察一番，看看它的属性、它的特质，而不一定知道它的市场价值，也不一定知道他应该在哪里发挥最大的价值，最终与巨大的财富擦肩而过。

所以，想要取得成功，就应该有这些特质，这种眼光是我们获取财富的首要条件。如果没有的话，就算把黄金摆在我们面前，大概也只认为是一块光泽亮眼的金属而已。

一个人要懂得自己真正需要什么，当你真心在追求财富的时候，就应该知道，哪些东西和信息在你这里意味着财富。有时候，即使看到满眼的财富，它不是属于你的，挖掘它也不过是浪费时间而已。

第10章 向上成长，破局之力来源于你的蜕变和提升

在淘金的年代，一对父子听说一座山上有着金矿，就把那座山买了下来，自己进行掘金，但是花费了近十几年时间却没有任何收获，于是把这座山卖了。买这座荒山的人是一个地质学家，他通过自己的勘探，认为这座山的确蕴藏着黄金，于是请人帮他在藏金的山脉间挖掘，果真开采出了不少金子，距离那对父子挖的地方只有十几米。

所以，这个世界上虽然遍地黄金，但并不是任何人都适合赚，都能赚到。比尔·盖茨如果在其他行业，未必会获得在计算机行业中如此巨大的成就。能够在你熟悉的领域，拥有自己独特的眼光、赚钱的决心，以及财商，你才可能真的获得成功。

时刻注意周围的信息，只有足够的信息才能为自己发掘赚钱的道路，一个人如果闭门造车，天天坐在家里等待机遇，馅饼是不会掉在你头上的。一个信息灵通的人，会在平淡中发现神奇，在普通中发现特殊，在别人看不见的领域发现获取财富的机遇。一定要不断扩展自己获取信息的渠道，因为那很可能是你获取财富的机遇。

破局思维

主动寻找你的贵人,获得改变人生的机会

涉世之初,如果我们凭着一己之力,大概是很难有什么大的成就的,那些登上成功顶峰的人,大多接受过"贵人"的扶助。贵人不可能无缘无故地来到我们身边,更不可能无缘无故地帮助我们,人生中的机会和贵人都需要我们自己去寻找。

可能很多凭着自己能力工作的人都会觉得不平衡,为什么别人的父母在社会上有那么多关系,而自己却要靠着自己的力量从最底层开始拼搏?很多人都希望自己能遇到赏识自己的人,把自己带到一个能够展示自己能力的位置上,其实这样的机会并不是没有,只是不会无缘无故被你碰到。

千里马之所以为"伯乐"寻找到,是因为它绝佳的奔驰本领和它的稀有,这个世界上千里马稀少,而有才华的人却是比比皆是。每个人都想要寻找他心目中的"千里马",寻找有才华的人,但是他们决不会注意一个毫不起眼的人,一个人想要被别人找到或者找到你的贵人,就必须有与众不同的地方,就

必须有吸引人眼球的能力,才可能被找到、被重用。人生的贵人需要我们自己去寻找,甚至需要我们自己去培养,这不是朝夕之功,想要成功,就必须付出更多的努力。

贵人要靠自己去寻找。韩愈在成名之前曾经寻找过很多出仕的机会。他写信拜会宰相,写信给襄阳大都督要求引荐,他的不少干谒之词,最终成为千古名篇。每个希望在某个领域有所成就的人,都应该积极寻找成功的办法,而寻找自己的贵人,无疑是一种快速的方法。贵人并不会时刻在我们身边等待着发现我们,要靠我们自己去寻找,自己去接近。

贵人为什么要无缘无故帮助另一个人呢?有些人有关系,是因为有交情,或者是希望建立互惠的关系。因此,必须让自己身边的贵人看到自己的能力,看到自己可以帮他实现的价值,才可能受到赏识、器重、帮助。想要得到贵人的帮助,就要证明自己的价值,证明自己值得被帮助,还要愿意帮助别人成就事业,当然同时也就成就了自我。

当然,可能有一些人能够遇到"贵人"完全是因为"机缘",如果我们能够秉着善良的原则做事,说不定在我们帮助别人的同时,别人也会心存感激,从而成为我们的贵人,来帮助我们。

寻找自己人生的贵人是一个不容易的过程,主要有以下几种方法：表现自我，在公众场合表现自己与众不同的能力，让伯乐能够看到你，认识到你的与众不同，知道你的存在，意识到你可以帮他，这是让伯乐快速找到千里马的一个好方法。现实中有很多适合年轻人表现自己的机会，比如公开演讲，自己可以在某个项目中大显身手，当公司遇到瓶颈问题的时候，你能够想到很好的解决方式，当决策者做出错误的决定时，你能够坚决阻止，这些都是表现自己的极好机会，不要错过，也许因此你就将获得贵人的赏识和重用。

积极去寻找贵人，对于那些可能帮助你、可能成为你贵人的人，要积极与他取得联系，向他讲述你的志向和想法，让他承认你，认可你的才干，愿意帮助你。一定要有自己的想法，如果你觉得身边的哪个人能够成为你的贵人，一定要积极谋划接近这个人，找机会向他讲述你的想法，这样才可能找到属于你的机会和贵人。

培养自己的贵人。贵人不单单可以通过寻找获得，也可以培养对于自己有帮助的人。比如，某些人虽然目前处在落魄阶段，但他的能力和魄力注定了他能够东山再起，这时候我们不妨帮助他摆脱困境，那他自然就会成为我们登上人生顶峰的"贵人"。

历史上著名的红顶商人胡雪岩，他的发迹正是从他资助友人王有龄开始的。王有龄原已捐官做浙江盐运使，但无钱进京。胡雪岩慧眼识珠，认定其前途不凡，便资助了王有龄五百两银子，叫王有龄速速进京混个官职。后来，王有龄在天津遇到故交侍郎何桂清，经其推荐到浙江巡抚门下，当了粮台总办。王有龄发迹后并未忘记当年胡雪岩的知遇之恩，于是资助胡雪岩自开钱庄，号为"阜康"。之后，随着王有龄的不断高升，胡雪岩的生意也越做越大，除钱庄外，还开起了许多店铺。"士为知己者死"，在别人落魄阶段培养自己的"贵人"，帮助起你来自然不遗余力。

想要有所发展，想要获得贵人的帮助，当然就要从自己的身边做起，不能一心想着别人无缘无故就帮助你。你首先要证明自己的实力，善于帮助别人，才有可能使别人愿意帮助你。

自律，需要从根本上转变思想

人最大的敌人就是自己，一个人只有战胜自己，才能实现人生的飞跃，在人生中收获更多，获得成功。所谓自律，正是要管理和战胜自己，正是要与自己的天性对抗，所以也就显得难度很大。

人的本性就是趋利避害，所以大多数人都贪图安逸和享受。举个最简单的例子，难道我们不知道吃得饱饱的，躺在温暖的被窝里看电视更幸福吗？但是理智却告诉我们，这么做会让我们陷入温柔乡中无法自拔。当我们吃饱喝足躺在被窝里追剧的时候，有的人却在健身房里汗流浃背地跑步，锻炼身体；当我们清晨贪恋被窝，不愿意早早起床赶去公司提前进入工作状态的时候，有的人却宁愿早起一小时，在正式开始工作之前给自己充充电，学习一些对工作有用的技能；当我们每天趴在办公桌前偷偷地在网络上闲聊的时候，有的人却在做完自己的分内事之后，又开始主动承担新的工作，为领导排忧解难……

为何同样是面对生活和工作，不同的人表现却如此不同呢？

　　只靠着外界的力量来管理自己，始终无法把自己管理得更好，只能疲于应付。明智的人知道，自律其实就是一场思想的革命，唯有从自己的内心深处意识到自我管理的重要性，也重视自我管理，实行自律，才能超越自我。也许有些人会自欺欺人，认为对自己放松一些，也没有人会知道。正是在这种思想的主导下，糖尿病患者偷偷地吃一些高油高脂的食物，还安慰自己放纵一次没关系，最终却导致病情恶化，不得不住进医院。体重超标的人根本无法节食，因为他们的胃已经被撑大，如果没有顽强的毅力管住嘴、迈开腿，根本无法让胃收缩回去。一个习惯了在工作时间懈怠的人，再也无法集中精力去工作，因为他们的心已经散了，无法再收回来。就这样，人们在放任自流中变得越来越放纵，根本无法成功地击败自己的内心，从而失去了进取的激情。

　　从这个角度而言，自律首先应该是一场思想的革命，才能让我们发自内心地认识到自律的重要性，也才能给予我们更多的自我管理空间和自我管理的力量。记住，你的外表会向他人讲述你的生活习惯，你的身份、地位，以及在社会生活中得到的一切，会告诉人们你曾经多么努力。而正如古人所说，腹有诗书气自华，人也许可以伪装自己的外在，但无法装饰自己的气质。每个人唯有充实自己，让自己知识渊博、见多识广，才能真正展现与众不同的气质，从而为自己的成功奠定基础。

需要注意的是，自律并非很多人误解的那样，认为要想运动就必须去办理健身房的年卡；要想旅行就必须走出国门，去国外的旅游胜地；也不是说想读书，就马上为自己买书，或者为自己报名参加培训班。真正的自律是从当下开始，认真对待每一个今天，认真对待眼前的每一分钟。人们常说，一万年太久，只争朝夕。自律正是争分夺秒，在意识到问题的存在之后，就马上规范自己的行为，整理自己的生活，让自己奔向幸福美好的明天。例如，当你意识到自己应该通过跑步锻炼身体，那么当天早晨就要早起一小时，而不要因为贪恋温暖的被窝，安慰自己："我等到明天再早起，跑步也不在乎这一两天。"殊不知，当你放纵自己，宽容自己，你明天、后天，都未必能够按时起床。最终，你的跑步计划也许会变成一个彻头彻尾的空想。一个自律的人，如果觉得自己应该通过读书充实心灵，就会马上拿起书开始读，哪怕某一天遇到特殊的事情，他们也会像不洗漱就难以入睡一样，必须挤出时间把书读完，才能安然入睡。

自律的人从不瞻前顾后，更不会左顾右盼。他们对于该做的事情，马上就会坚定不移地去做。对于不该做的事情，也会坚决管理好自己绝不触碰。一个人要想拥有充实而又成功的人生，一定要把握好自己，管理好自己，不要一味地放纵自己，导致自己成为脱缰的野马，再也无法回归正途。

总而言之，自律不是一件简单容易的事情，每个人都要认清自己，从根本上转变思想，才能主动严格约束自己，不断提升自己，也让自己变得越来越强大。

想要创造财富，一定要勇于尝试

每个人都有自己不同的赚钱方式，可是每种方式赚到多少钱却是不一定的。有的人一天到晚忙忙碌碌、辛辛苦苦，赚到的钱却只够自己的生活所需，而那些看起来并不那么忙碌的人，也许一天比你一生赚到的财富都要多。这是每个人赚钱的方式不同导致的。

有的人靠体力赚钱，靠的仅仅是劳动的双手，如果他一天没有劳动，那就没有收入；而有的人靠自己建造的某个系统赚钱，就算他某天没有工作，可还是有财源滚滚而来。一个人赚钱能力的高低，用什么方式积累财富，是与他的工作方式有关的。

一个摄制组找到一位柿农，表示要买他们的柿子，同时拍摄他们摘柿子的场面，做成纪录片。于是柿农找来了自己的同伴们，自己用带弯钩的长竿将柿子勾下来，同伴在下面用蒲团接住，一勾一接，配合默契，大家还相互谈笑风生，唱歌助兴，摄制组把这些有趣的场景都拍了下来。临走的时候，摄制组付了钱，却并没有拿走那些柿子，柿农都很奇怪。其实并不怪，因为摄制组就是靠这些纪录片来赚钱的，他们的目的并不是柿子，而是由柿子产生的信息产品，那才是真正值钱的东西。

人不仅可以凭着体力劳动或者技术来赚钱，还要学会思考，学会用自己的创意来赚钱。很多年轻人可能说自己没有创意，没有创造新事物的能力。其实，创意不仅仅是创造新事物那么简单，它可以只是一个新鲜的想法，一种稍稍改良的做法，不要轻视这些微小的创意，也许它们就可以给你带来巨大的财富。只要你勤于思考，勇于尝试，就会有不俗的表现。

再好的创意都是需要尝试的，在尝试一件事情之前，不要急着去否定，只要有了新鲜的想法，就应该去试一试，只有行动才能带给我们足够的财富。如果"晚上想了千条路，早上还是沿着老路走"，就不可能有任何的进步，更不可能奢望积累更多的财富。

创造财富一定要勇于尝试，不断找出自己可以改变的地方，找出目前做事方法的缺点和不足，然后试着进行改造，也许就能产生新的创意。

　　对于成功来说，有创意固然重要，然而敢于尝试的心则是更重要的。如果怕这怕那，总是囿于自己原本的见识，不敢冲出自己的生活圈子，总是害怕自己的生活会变得更苦，那么他永远都不会与财富有缘。所有成功的人士，都曾经冒过一定的风险，当过第一个吃螃蟹的人。俗话说"富贵险中求"，安安稳稳的生活是不可能与财富结缘的。

　　只有善于思考，对自己的想法勇于尝试的人，才可能取得更大的成功。就算你的想法并不是那么完善，不是那么成熟，你也可以进行尝试，然后在实践中完善自己的想法。没有任何一件事情是在一开始就非常顺利的，但如果你不进行尝试，可能会与成功无缘。

　　"超人"剃须刀在中国的电动剃须刀中占到了市场的21%，但是这个品牌的创业之路却是非常坎坷的。开始的时候，应家兄弟是做衡器配件的，有一次大哥到山西出差，看到人们在排着队买电动剃须刀，于是就特意到上海买了一个回来，大家都觉得这个东西很好，很有市场，于是他们决定做电动剃须刀。

　　几个兄弟开始频繁地联系业务，但是订单有了，生产的事情却让他们大伤脑筋：当地的塑料加工工艺没有优势，很多零件要到全国各地去采购，增加了成本，不但如此，因为没有经验，剃须刀还出现了质量问题。但是失败并没有击败他们，他们又一次从市场、技术等方面做了详细的调查和分析，最终从刀片上打开缺口，开始了自己的事业。而今，超人与飞利浦、博朗、松下并列全球四强。

可见创意对于创业固然重要，但是最重要的还是尝试的勇气，只要有勇气进行尝试，就有可能用自己的方式创造财富。勇气就是年轻人最大的财富、最大的力量，我们要谨记这点，用勇气来开创自己全新的人生。

只要有想法，你就有成功的可能

只要一个人有眼光、有想法，一切问题都不再是问题，资金可以采取银行贷款，专家当然也可以聘请，甚至于和有专业素质的人合作。

一个人不可能在每个行业都非常精通，可是一个公司要经营下去要用到很多专业知识，最起码的财务专业一定会用到，你从事的领域的专业知识一定会用到，你不可能同时精通这些东西，怎么办？当然要请人替你打理。如果这样讲的话，似乎每个人都可以创业，都可能成功，但其实并非如此。成功忠于那些有头脑、有想法的人，一个想法可以价值百万。

怎样的想法才可能帮助你取得成功呢？就是寻找大家都需要的东西，然后让专业人员帮你打造这种东西，创造实实在在的价值，这样的想法就能够帮你取得成功。生活中，我们永远都会有感觉麻烦、不方便的地方，永远都会有需求，找到这种需求，并找到解决的办法，就是一个人的创意，就是成功的基础。

一个人一定要每天坚持思考,一定要真正弄懂自己想要做什么,在你没有弄明白之前,你一定要积极寻找一种途径,怎样才可以利用自己所有的东西来建立一种系统,这个系统可以帮你带来源源不断的财富。这就是想法,只有产生某种想法,并坚持为自己的想法而奋斗,不断为人们提供便利,最终你才可能成功。

霍英东在做房地产以前,从来没有涉足过这个行业,他一直是从事海上航运业务的,可在那时,他就预料到香港航运事业的繁荣必将带来金融贸易的发展,而又会促进房地产的开发。于是,他抢先把经营重点转向了房地产开发。开始,他也和别人一样,自己花钱买旧楼,拆后建成新楼出售。可是由于资金少,发展比较慢。后来,他想出了自己的办法,采取房产预售的方法,利用购房者的定金来盖新房。这就是所谓的"卖楼花",这一创举使霍英东的房地产生意大大兴隆起来,一举打破了香港房地产生意的最高纪录。

他从来就不是房地产方面的大鳄,但是因为他有想法,有眼光,创造了"卖楼花"这种崭新的方式,使他的资金周转一下子快了很多，最终这一想法成就了霍英东。我们也要有自己的想法，旧的行业可以有新的发展模式，新行业更是如雨后春笋，层出不穷，我们面对如此多的创意，一定要有自己独特的眼光和思维方式。

只要你决定自己要成功，就要不断地为自己寻找道路，寻找方法。想法怎样来？就是不断想着自己怎样才能成功，事事留心，处处观察，这样自然能够找到一条道路。有想法就要做下去，这就是成功的秘诀，专业让你对某个领域更精通，也许能够帮助你更快得到发展，但它却不是成功唯一的出路。

成功需要专业人员的帮助，但并不是所有的专业人员都能够成功，专业是技术，但是仅依靠技术绝不足以获得成功、获得财富。现在很多加盟企业，都是把自己的技术专利转让给其他人，让其他人用他们手中的钱帮你赚钱。所以，专业技术并不是成功的桎梏，只要你有好的想法，好的创意，不仅可以让专业人员帮助你，还可以借助别人的专业技术。

关键在于，你能够创造一个好的盈利模式，有好的想法，有创造性的思维，敢想敢做，才可能成功。很多人都觉得，任何事情自己解决才能够显示出自己的智慧，因此不惜花费更多的精力，浪费更多的时间来钻研自己丝毫不熟悉的领域，这样的人就算自己再聪明，也不可能有更大的成就。

你应该把思想集中到那些可以为你带来收益、带来财富、带来成功的地方。如果你是一个点子特别多的人，就应该整合自己的想法和别人的专业技术，别人拥有的资源加上自己的创意，计划就可能成功。

永远不要为自己没有的懊恼，要为自己拥有的东西想出路、想方法，这样就算你本身只有一样本领，你也可以出人头地。

参考文献

[1] 黄乐仁.破局思维[M].彭欣泽,译.北京:中信出版社,2020.

[2] 艾玛·加侬.个体突围:真正的高手,都有破局思维[M].肖舒芸,译.南京:江苏凤凰文艺出版社,2020.

[3] 陈注胜.极限思考:开启财富破局思维[M].北京:经济管理出版社,2020.

[4] 方智高.求异思维[M].北京:北京理工大学出版社,2019.